奇跡の水

ダイヤの雫の恵み

Natsume Toru
夏目　徹

澪標

はじめに

はじめまして夏目徹です。

私は、大切な事業の一環で、「ダイヤの雫」という「水」を製品化しました。そのことにしぼってお話ししますので、少しお時間をいただきます。

本のタイトルに、「奇跡」という言葉が使われていますが、この一語には、個人としても、事業者としても、万感の思いがこもっています。この本の全体を通してお伝えしたいことは、「奇跡」には確かな根拠と、事実としての裏付けがあるということです。

もちろん私が語りたいのは、奇跡についての一般論ではなく、「ダイヤの雫」という「奇跡」についての、たくさんの根拠と裏付けについての話です。少年少女向きに書かれた、空想科学冒険物語（？）を読むような気分でお読みください。

ただし、これは空想の世界ではありません。科学と神秘のあいだに隠れている、真実に向かって行われる冒険の記録です。

ある大手メーカーに勤めていたときから、仕事や事業は、明快にシンプルに推し進めるようにしてきましたが、本を書くのは迷路に迷い込むような作業で、なかなかはかどりません。しかし「奇跡」というのは、単純明快な事実だといえます。それを単純明快な事実として、お伝えするのが、なかなか難しいですね。飲めば分かる、と言いたいところですが、それを言ったら、本を書く意味がありません。

ここが悩みどころですね。何が真実か、それをお伝えすることに自信はありますが、「ダイヤの雫」が、現に実現してくれている「奇跡」の確かさへ、言葉のほうが追いつかないということに、あらためてこの「水」のすごさを感じています。

思い余って言葉足らずとまで評された、天性の歌人在原業平の父である阿保親王のお墓が、私の住む芦屋の市内にあります。業平を気取るつもりはないですが、「ダイヤの雫」についての思いと体験は、心にあふれて、書いていく順序が分からないほどです。

この「水」は特別な化合物や抽出物、あるいは生薬素材などを含ませた健康飲料とは違って、アミノ酸が自然に組成する分子を、そのまま「水」の成分にしています。平成二五年製法特許を取得した飲料水（活量調質水）は、専門機関によって飲用の安全性も確認されています。世界で初の「飲める殺菌水」と言えます。腸内細菌を死滅させるような作用はもたないので、人体に害がないのです。

どなたでもご存知のアミノ酸。人間の生命維持に大変有益なアミノ酸が組成した分子（アミノ塩基）が、人の健康づくりに、さらに大きな役割を果たします。その安全で有益な分子を含む「水」の作り方が特許として認定されました。働きの基本は、人の身体と内臓組織が、本来もっている健康システムや、自然治癒力を回復させ、正常な機能をそこねる異常や、障害の原因をその場から取り除くということです。

もう一度、一番シンプルに「ダイヤの雫」の特徴を申すなら、《強い殺菌力をもっているけれど、飲んでもまったく毒にならない》、ということです。毒にならないどころか、何も傷つけたり、そこねたりせずに、体内に本来備わっている秩序やバランスをよみがえらせてくれるという、平和なツールです。人間の健康づくりのための、究極の恵みだと思えます。

私が長く企業で従事して来た商いの取引にも、「信」が不可欠でしたが、人間の身体に良い働きをする、というアミノ酸の約束ごとは、何の交換条件もなく、ただ事実として自然に実行されます。

化学や科学の奇跡には実験や証明の裏付けがあり、宗教の世界の奇跡にも、「信」に基づく根拠があると思います。「ダイヤの雫」も、開発者の「信」と、それを上回る探究心や好奇心に基づいて、バイオ的な実験を重ね、飲料水として法的基準を満たす手続きを重ねました。

しかし、自然治癒力にじかに働きかける「水」の効果は、西洋医学や東洋医学のカテゴリーにうまくはまらず、かといって精神や心理の世界に属するものでもありません。

私は、現場で実績をみていただきながら、地道に「ダイヤの雫」の浸透をすすめてくれている人たちの仕事の役に立つように、バイブル、または取扱説明書を作るようなつもりで原稿を書きました。

宣伝のためではない宣伝、というのが正直な気持です。お客様とスタッフのためであり、開発者の無償な情熱のためであり、そして「ダイヤの雫」という「奇跡の水」のための宣伝です。「奇跡」はいまだあなたの体験の外にあります。飲んでいただく前に、その「奇跡」の存在を知っていただくこと。これが私の課題ですが、それは事実を書いて、その事実に対する信頼を得る、ということに尽きると思っています。

使っていただければ分かる、ということは、禁句かもしれません。しかし、肝に銘じていることは、使っていただけるための信頼を、私たちが得なければならないということです。私は化学者でも医療関係の専門家でもありませんが、「奇跡」という語のもつ真実性を信じ、その手がかりを探し求めてきました。それで前回はその歩みを、『キャッチ・ザ・ダイヤモンド』という本にして、同じ「澪標」社から出しました。この時の「ダイヤモンド」とは、本来すべての人が秘めているすばらしい個性という意味です。

拙い言葉ですが、今回は「ダイヤの雫」にしぼって、一生懸命語ってまいります。皆様の信頼を得られれば、ありがたいと思います。

「水」の販路の拡大や、販売の促進は、現場の人たちに任せています。私は「ダイヤの雫」の使用効果を、事実として書き記し、ご理解を得ることが役割です。商品価値への疑問はもっていませんが、だからこそ、思いあまって、下手なことを書いて、現場で動いてくれている人たちにご迷惑をかけないよう心がけます。

「事実」を書くというのは、確かに難しい文章の課題です。

良いもの、確かなものでも、だからこそ、売り方や広め方や宣伝の仕方が悪ければ、長い時間に分かって信用を築くことはできません。私はお陰さまで実業の世界で三十年間仕事を続けて来れましたので、信頼がなければ事業は継続できないことを知っています。

社会の方々に対する商品の、無理な広げ方、無理な売り方を、私の事業は必要としていません。商品が「水」のもつ力そのものであり、どのようなごまかしも要らないからです。誰にも頼らず、誰にもおびやかされず、「ダイヤの雫」を通した皆様との信頼の結びつきを第一に、さらに少しずつ歩んでまいります。

現場で協力してくれる代理店や営業関係の人たちと私も、もちろん信頼関係でつながっています。「ダイヤの雫」を飲んで元気になり、その効果の広がりとともに、貴方とまわりの方々の幸福が大きくなることを心からお祈りします。

目次

装幀　森本良成

パコのお話

肩の力を抜くために、冒頭にひとつの超短編小説を置かせていただきます。この冒険を、わが家の飼いネコに捧げます。どうぞ気楽に読んでください！

残念ながら、かの文豪につながる資質はもっていません。母は、遠い昔に親戚同士だったかも知れないと言ったことがありましたが——。私は暮らしの中のささやかな実体験によって、ネコを主人公にしたエピソードを書いてみました。「ダイヤの雫」が、わが家の可愛いペットのためにもたらした、小さな奇跡のお話です。

——ミイの名は、「パコ」です。いきなりですが、すぐ近くで、すごいお水が誕生したんです。ミイは、このお水のおかけで毎日元気に暮らしています。

『吾輩は猫である』という、昔の小説のおかげで、ネコ族はペットの中でも特別の存在感がある、とわが飼い主は言っています。小説の主人公は、オスの黒ネコなのですが、ミイは若いキジトラ女子。でも、「ミイはネコでーす」という書き出しになりそうだったのは、なんとか止めてもらいました。

生まれはよく分からない。芦屋という古い静かな街の、ある家の物置で生まれたそうですが、記憶はまったくないです。生みの親が居なくなり、お腹が空いたので、ある日ノコノコ、いま居るこの家の玄関まで歩いて来ました。すると、家の中からシニアのおじさんがじーっとミイを見て、こっちへおいでと手招きしました。おじさんはいったん室内に入り、お皿にだしジャコを入れてドアの外に置いてくれました。

ミイはおそるおそるお皿に近づき、だしジャコを口にくわえ、走ってもとの物置小屋に戻り、飲み込むように食べました。

そのうちにミイはそのおじさんに慣れていって、たびたび玄関の内に置かれたお皿のだしジャコを食べるようになり、やがては、おじさんの手から、直接もらうようにもなりました。

おじさんは、あのオスの黒ネコの小説を書いた人と同じ、「夏目」という名前であることが分かりました。しだいに奥さんとも仲良くなって、おうちの部屋の中で暮すようになりました。

ところが、地球温暖化現象のせいなのか、夏になると猛暑の日が続きました。部屋にはエアコンがありますが、その不自然な冷え方が、ミイには耐えられなくなって、ある日突然外へ飛び出し、どこか身体の過ごしやすい場所を探して、どんどん遠くへ行ったのです。そして数時間、さまよったすえに、大きな木があるお寺にたどり着きました。

そこは木影があり、お堂の下はひんやりとして、いい環境だったので、しばらく滞在することになりました。こうしてミイはノラになりました。

食べ物は、なくなりましたが、たまに残り物を住職のお坊さんがくれました。そうしてなんとか命をつないでいましたが、七月に家出して、やがて三カ月が経ち、秋になって、毛皮をまとったミイも過ごしやすい気候となりました。

そうだ、おうちへ帰ろうと思って、お寺をあとにテクテク歩きだしたのですが、三カ月経ったので、帰り道を忘れてしまっていました。かなり遠回りして、それでもやっと門の前にたどりついたときは、本当にほっとしました。

おじさんも奥さんも、ミイが急に居なくなり、ずっとそれきり戻ってこないので、もうどこかで死んでしまったのかなと、悲しんでくれていたようです。

ミイが門を入り、玄関のドアの前に姿をあらわすと、おじさんはすぐに気づき、びっくりした眼で見つめ、急いで抱き上げてほほをすり寄せてくれました。痛いのよ、ヒゲが——。

外で食べ物にも不自由し、体はやせこけ、体重も半分くらい。目だけがギラギラとして、かわいかった(はずの)ネコ相も悪くなっていました。おじさんは、そんな姿を見て、人間の食べる魚の缶づめや、ミイの好物のカリカリフーズを、急いで出してくれました。

奥さんもすごく喜んでくれました。しばらくうれしそうに様子を見ていて、急に、水の入った茶わんに何かキラリと光る液体を、ポトポトと落としたのです。ミイはネコの本能で、この水は、自分の体を元気にしてくれるものだ、とすぐに分かりました。

食事と、この水のおかげで、体調はみるみる良くなりました。以前より高くジャンプできる力もつき、毛並みもまるでミンクのようにツヤが出てきました。きっと、生活環境の激変によって、ネコの身心にふりつもったストレスを、水が追い払ってくれたのでしょう。女の子としては、少し太めになりましたが、水のおかげで、全体が魅力的になったと思います。つまり、小説のオスの黒ネコより、しあわせに暮らしています。たぶん。

今日も、ミイのそばに、奇跡の水は、あたりまえのようにあって、みんなが健康に過ごしています。平凡な短いお話でしたが、これは、世界中のペットに伝えたい物語なんです。

都会に住むペットには、いろいろなストレスがあるんです。ペットの体にも、心にも効くという薬は、世界中にまだないと思います。この奇跡の水が、ネコ族だけでなく、イヌ、小鳥、熱帯魚など、あらゆるペット仲間を元気にしてくれることを、ミイは願っています。

もちろん、おじさんや奥さんのように、人間の皆さんも元気に！

I

「奇跡の水」に出合うまで

（一）企業からの独立とＮＰＯ法人の設立

メーカー退職後の行動

私は、ある電機・家電メーカーの海外企画部門で営業を担当していました。アメリカとイギリスでの事業に四度にわたって関わり、計十八年間海外に駐在していました。しかしあることをきっかけに、四十歳代の半ばに会社を退職し、新しい道に踏み出すことになります。

二年ほどのあいだ、東京の美容関係の会社と、中国向けに電子部品を調達する会社（中国系資本）に、それぞれ一年ずつおせわになっていました。その頃のある日、自分の住む街の小さな本屋さんに、ふらっと立寄ったことがありました。そのとき、本棚にある一冊に目がスーッと吸い寄せられ、私はその本を手に取りました。

それが、ルイボス茶に関する本でした。〝奇跡のお茶ルイボスティー〟と謳われていました。私がそれまで聞いたことのないお茶で、南アフリカでしか栽培されない。そのことに不思議な興味を持ちました。何か営業マン的な勘が働いたのかもしれません。

いつもの性分で、私は早速その本の著者の連絡先を調べ、電話をして、会う約束を取りつけました。会ってその人の話を聞くと、ますますルイボス茶に興味がわき、ぜひその栽培地の茶畑に行ってみたいと思うようになりました。

このお茶には何かがある。そう強く感じ、東京の会社を退職し、芦屋に戻り、たったひとりで大阪に会社を設立しました。もちろんルイボスティーを扱うためです。この会社で自社ブランドのルイボスティーを販売することに決めて、大阪市内に事務所を借りました。夢以外まだ何もないような会社設立時、応募してただひとりの社員になってくれた女性が、のちのわが社の社長です。

ルイボス茶——神秘に引き寄せられて

その本の著者は、ルイボスが日本で受け容れられる可能性を大いに信じ、現地に行って茶園と茶葉の輸入契約を結びたいと思っていました。私は仕事で十八年間、アメリカ・イギリスに居たので英語が使えるから、契約を交わす際に通訳として付き添う、ということで二人で現地を訪問しました。現地でルイボス茶を扱う企業と契約が結べ、輸入が始まりました。

ここから少し神秘じみた話になるのですが、あくまでも「はじめに」で申したように、これは世界中の人の助けになる、と自分が信じられる商品に出会うための、プロセスの中の出来事です。「奇跡」がもつ力と、その力を支える根拠の、両方を信じたいと思っていました。

あとで詳しく書きますが、メーカー勤務時代、ロンドンに駐在し、三年ほど住んでいました。その頃から、何となく右肩の上あたりに、「青くて丸い」地球の像が、イメージとして浮んでくるのを感じるようになりました。「何だろう?」と不思議に思っていましたが、そのときはよく分からないままでした。この地球の神秘的なイメージが、私に暗示するものの意味が、はっきり目に見えてきたのが、このルイボスを通したアフリカ体験だったと思うのです。

南十字星とわが社の理念

ルイボス茶の産地は、南アフリカの南部、セダルバーグ山脈の麓にあるクランウィリアムという所にあります。南アフリカの古都ステレンボッシュから車で五時間かかります。その地にある半民半官の現地法人は、世界を相手に大きな規模でお茶を扱う会社で、会長のバークさんは、農場主らしいごつごつした手をもつ人で、親しく歓迎をしてくれました。農園と茶葉の工場を見学し、過酷な自然環境の中で生育するルイボスの、優れた適応能力と、豊かな成分をあらためて知ることができました。自然と人の智恵が作ったすばらしい作品だと思います。

前日のホテルでの夜。窓からの景色に私は電撃のような感動を覚えました。スクリーンのように広がるダークブルーの空の、ケンタウロス座から少し下方にくっきり浮かぶ五つ星があり、ひときわキラキラと輝いて見えました。その星こそ、南半球でしか見ることのできない南十字星だったのです。四つの星が十字を形づくる中で、小さな一つの星が、人間の心臓の位置を示すように存在しています。十字架上のイエス・キリストの、槍で刺された傷跡を示しているのだと、現地の人が教えてくれました。

アフリカの文化、アフリカの自然、アフリカの人たちとの出会いに即して、この南十字星との出会いの鮮やかなイメージが、私の心に深く刻みこまれました。

その後私は何度も南アフリカを訪れましたが、産地農園からの帰りに、野性のルイボスが生えていないか、探して歩いたとき、ルイボスティーの生みの親といわれるノーティエ博士の孫娘の方と偶然出会い、これもまた不思議な縁を感じました。

翌日、ノーティエ博士の子孫のストラウス家がもつ民宿ロッジへ泊り、野外でのバーベキューに誘われました。日本では味わえないワニや水牛、はたまたシマウマなどの肉が出され、お酒には弱い私ですが、すすめられるままに、現地産のワインを飲み、身も心も解放された感じになって、芝生の庭にゴロンと仰向けに寝転びました。すぐそばで、体長80センチもある陸ゾウガメが、のそのそ歩いていました。

スモッグなどとは無縁の別天地。にごりなく澄み渡った夜空には、金平糖をちりばめたように、大小の星が光っています。その中に、スーッとひとすじ線を引くように、移動する光がありました。流れ星にしては少し不自然だなと思い、現地の人にたずねると、「ああ、あれは星ではなくて、人工衛星ですよ」と説明してくれました。

「何だ、人工衛星か……」と思いましたが、それで興味がそがれるには、もったいないほどの美しい豪華な星空でした。一生忘れないだろうなと本心で思いました。

あまりにも澄んできれいな空なので、小さな星屑まで、肉眼ではっきり見ることができたのです。地平線の少し上のほうを見やると、何か訴えかけてくるような光を放ち、ひときわ明るく輝く星が目にとまりました。あの南十字星です。初めてホテルから見たときと違って、星のほうから、私に何かを話しかけてくれている気がしました。

私は精神を研ぎ澄まし、いまこの南十字星が、無言で自分に語りかけてくるものは、何なのだろうと考えました。

四十代――人生をマラソンにたとえれば、ちょうど折り返し点にかかっていました。前半生は、北半球でアメリカ、イギリスを中心に仕事をしてきた私でしたが、これからの後半生では、南半球へ目を向け、本当に何か世に役立つ仕事をするように、というメッセージなのかと感じました。そのとき自然に、そういう感じ方をしている自分に、気がついたのです。

最初の現地法人訪問から日本へ帰ってからも、そのときの〝五つ星〟の鮮明なイメージが、脳裏に焼き付いており、その星座からのメッセージを、自分なりに解釈するよう試みてみました。その結果、私の理解は、次のような会社の設立理念と、実践的な経営目標として形を結びました。

社名も考えず出発した会社でしたが、ルイボス茶の販売が軌道に乗り始めた頃、ようやくおのれの自覚できた使命に従って、経営の骨格を定めることになりました。いまもこの理念に従って事業を行っています。

会社の設立理念　「人と地球に優しく」

経営の実践目標
①人と自然に優しい製品創り
②人に喜びをもたらす製品の普及
③信頼のパートナーづくり
④国際社会への貢献
⑤ゆとりあるライフ

ルイボスティーの恵み

この本は「ダイヤの雫」開発にかかわることに、お話の内容をしぼっていますので、私の経歴について詳しくのべることはしませんが、この節の最後に、私が事業として手がけ、すでに多くの方のご支持をいただいているルイボスティーが、健康に対してもたらす効果を簡単に書かせていただきます。多くの効能の内、主要なものに限ってお伝えします。

ルイボス茶の成分は、東洋医学の見地からみても、便秘、冷え症、むくみ、不妊などの解消に効能があり、ダイエットや美肌に対する効果も確認されています。あれもこれも、効能がらみで書きたいことはいっぱいありますが、むしろ第三者のように冷静な言い方をします。

便秘や下痢に対しては、ルイボス茶に多く含まれるマグネシウム成分は、自然な排便を促す働きをします。腸内の余分な水分を吸収し、便を柔らかくして自然な排便を促します。また、血液中に含まれている悪玉的要素である活性酸素を、ＳＯＤという体内物質が抑制し、腸の中の善玉菌（他の菌や細胞と作用して、人間の健康維持に良い働きをする菌）を働きやすくします。

ですからこのお茶の基本的な役割として、つねに腸内環境を整えてくれるので、便秘にも下痢にも効果的です。

ルイボス茶が、女性の気になるむくみや、頑固な冷えの改善に効くのは、大切な利尿作用と、体温上昇に効果的な成分をもっているからです。

貧血に対する改善効果もあります。血液の中にある通常の鉄分量が不足すると、酸素と結合するヘモグロビンが減少し、脳や心臓に必要な量の酸素を運ぶことが難しくなります。ルイボスティーにはコップ一杯分に約〇・五グラムの鉄分が含まれており、食物からの摂取では足りない分を補給できます。

生理痛の緩和に効果があるのは、このお茶の成分がもつ、活性酸素を除去する働きのためです。生理中の女性の体内には、プロスタグランジンという物質が分泌され、これが多いと痛みが強くなります。プロスタグランジンは活性酸素の量が増えると、分泌量が増えます。ですから、ルイボスティーの飲用によって生理痛を緩和することができます。また、活性酸素は、卵子の老化を早めることが分かっているのですが、このお茶は活性酸素の影響から卵巣と子宮を守る役目も果たします。

ルイボスの抗酸化力は皮膚病の一部にも効果を及ぼします。水虫の原因は白癬菌（カビの一種）で、これは皮膚の角質であるケラチンを好むため皮膚に寄生します。ルイボスティーを飲むと免疫力も向上し、白癬菌の発生そのものを防ぎます。濃く煮出したルイボスティーに足を浸すのも効果的ですよ。

体調不良や生活習慣の改善には、数々の効果が実証済みです。まずサラリーマンの大敵である二日酔いについて――ご存知のように、体内に入ったアルコールは、肝臓で分解され、アセトアルデヒドという代謝中間物質に変化し、水分と共に体外へ出ていきます。しかし大量のアルコールを摂ると、分解機能が正常に働かず、アセトアルデヒドがそのまま体内に残ってしまい、頭痛や、吐き気や、呼吸促迫などの害を与えることになります。

ルイボスティーは血液中の有害物質の濃度を抑えるだけでなく、お茶の成分のミネラル類が肝臓に働きかけ、二日酔いの不快な症状を薄めてくれます。

ルイボスティーの含む他の成分に、ケルセチンというポリフェノールの一種がありますが、これも抗酸化作用が強く、ストレスでイライラしたときに分泌されるアポクリン腺の働きを抑えます。排泄物の匂いの軽減にも効果的です。腸内環境を整える働きがあるので、くさい匂いを元から絶てるわけですね。防臭剤より自然で有機的な改善法だと思います。

ルイボスティーは豊富なポリフェノールを含みますが、ビテキシン、イソビテキシンというポリフェノールもストレス抑制の効果があり、安眠を促進します。

なんだか、薬の効能書きみたいになってしまいますが、私は「奇跡」のセールスマンですから、この役割に満足しています。考えや科学性より、事実や体験を、正しくお伝えしたいと念じています。

もう一つ、いま話題の美容とアンチエイジングについてひとこと。

ＳＯＤの抗酸化作用が、体内の活性酸素のバランスを保つので、加齢によって衰える肌の若々しさを守り、いわゆる美肌効果がみられます。肌の健康を作るマグネシウム、カルシウム、ビタミンＣや、ケルセチン、アスパラチンといったポルフェノールを多く含んでいますから、肌の水分量を安定させることができます。

ダイエットを考えている方は多いと思いますが、ＳＯＤは消化器系の内臓機能を正常に保ち、体内に蓄積しがちな老廃物、発生しやすい毒素などを、スムーズに排出してくれるデトックス効果が期待できます。上記のアスパラチンは、肥満の引き金になるストレスホルモンを、減らす働きがあるので、自然な減量への効果が期待できます。

なおいま日本人のあいだで、自然環境や体質の変化に伴い、ストレスとともに重大な影響を及ぼしているのが花粉症です。三～四人に一人の割合で、免疫系の過剰反応が原因のアレルギー反応が起こります。不要で有害な働きをする活性酸素を、無理なく体内から取り除くことができれば、その症状も軽くなります。

抗酸化作用のあるルイボスティーは、免疫系のバランスを整え、やっかいな花粉症の症状を緩和することができます。アレルギー反応を引き起こすヒスタミンを抑える効果があり、作用はステロイド剤などに比べて穏やかで、副作用がありません。

抗酸化作用は、人間の身体の健康システムと血液の循環を、サビつかせかせないためのメンテナンスとして、大切なのだと考えてください。身体の中の自然な働きを、サビつかさないことが、私たちが元気で長く生きられることの課題です。

まだまだありますが、このように細胞やホルモンや酵素や菌に対し、相手の消滅や撃退による効果ではなく、本来の身体の仕組みの中の、バランス調整力や自然治癒力や新陳代謝を高め、安全でかつ確実な効果をえられるのが、ルイボスティーの測り知れないほどの効果です。薬品ではなく自然起源の成分配合が、天からの恵みのような智恵のかたまりになって、人間の身心の災いを取り除きます。まさに奇跡のお茶といえます。

このお茶の発見や、より確かな製品化の流れの中に、「ダイヤの雫」との出合いもあったということ、ぜひご理解いただきたいと思います。いくつもの星とダイヤモンドの輝きが、多彩で、豊かで、普遍的な「奇跡」の広がりを生みつつあることを、ぜひ実感なさってください。

私は五百ミリリットルのペットボトルにルイボスティーを入れ、「ダイヤの雫」を加え毎日飲んでいます。この相乗効果が元気の源になっています。

（二）ケニア紅茶、そして大きな夢

今度はケニアへ

南アフリカのルイボスティーにめぐり会ってから、二年くらい経った頃、私が元いた会社の人から連絡がありました。ケニアに駐在している人で、私がルイボスを扱っていることを聞き、ケニアにもおいしい紅茶があるとのことで、「アイボリィティー」という紅茶を送ってきました。

早速飲んでみると、何とも親しみのある優しい味わいと香りがあり、家族のみんなも気に入りました。アフリカへ行くことは、もう慣れていましたから、すぐにケニアに向かいました。ナイロビ空港に着いて、現地のガイド兼運転手役の人の車に乗り、道なき道を六時間、ひたすら走り続けました。

ケニア山の麓の、二千二百メートルの高地にある茶園に到着。道中の凸凹道で、お尻が痛くなりましたが、途中にサイやゾウ、シマウマなど、いろいろな野性動物と出会いながらの旅は、その痛みも忘れるくらい面白く、写真もいっぱい撮って楽しむことができました。それは、阪神間の小じんまりとした住宅都市に、自分が住んでいるということが、信じられないほどの体験でした。

同時に、欧米を中心にした西洋文化の歴史や、文化風土とはまったく違った価値を蓄積している世界が、アジアとはまた次元の異なる民族や、個性的な生活様式として存在していることを体験して、明らかに自分が豊かになったという気がしました。

アジアとアフリカの、自然に根ざし、自然と融和した文化が孕む生命力が、自然と戦って克服し、打ち負かして成り立ってきた西洋の、病んだ部分を癒し、真の健康を共有していくために役立てることは、間違いないと考えます。

私はケニアでも、自分の資質がかぎつけた理想の生き方が、だんだん具体的な姿を表わしてきたような、わくわくする昂奮を覚えたものです。

山麓といえども、二千メートルを超す標高ですから、害虫は飛んでこないし、お茶の栽培のために、薬剤を散布する必要もありません。そこに小規模の茶園が約六十あります。そこに紅茶が栽培されているのですが、斜面に段々畑のように茶畑が作られ、葉は太陽の光をたっぷり浴びて育ちます。それで、紫外線に対して強くなるためか、他の地域で採れる茶葉に比較しても、抗酸化力の強い、健康に良い紅茶となっています。

さらに、土はアンツーカーのテニスコートのような、赤い色をしていて、鉄分をはじめ豊富なミネラル成分を含み、それが紅茶の養分として吸収されます。それによって、バランスのとれた、コクのある味と香りが育まれるというわけです。

マサイの村で

茶園での仕事を終えて、山地から降りていった所にある、有名なマサイ族の村に寄りました。マサイの人たちは、私が日本人だとすぐに分かり、何か手に持っており、それを売ろうとして集まってきました。

まだ二十歳くらいの女性が手に持っていたのは、何と長さ八センチもあるライオンの牙でした。どうしようかと思いましたが、かばんに入れていたボールペンを三本出して、これと交換しませんかと伝えたところ、喜んで牙を渡してくれました。マサイ族は、子どもの教育に熱心だと聞いたことがありましたが、ボールペンは文字を習得するためにも、具体的な価値があったのでしょう。

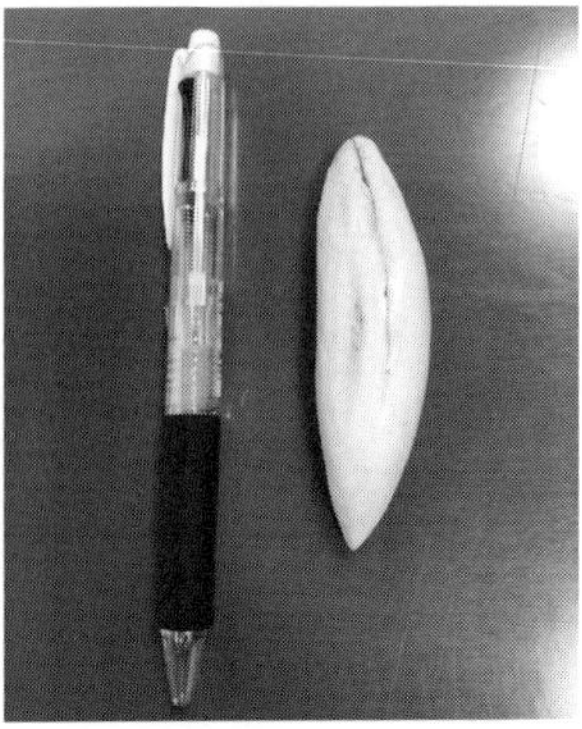

そのときも、子どもたちの目は、キラキラとしており、人なつっこい笑顔は、日本人の私を珍しそうに見ていました。ルイボス茶を求めたときも、私は現地の子どもたちに出会っていましたが、そのくったくのない顔を見て、やがて、アフリカ産のルイボスティーや紅茶でビジネスをさせてもらっていることとの、恩返しということを含め

て、何か少しでも子どもたちのために役立てればと思い始めていました。

その思いは、具体的に、平成二一年（二〇〇九年）、NPO法人、「アフリカの子ども支援協会（ACCA）」の設立として実を結ぶことができました。

その最初に手掛けた支援活動は、反アパルトヘイト運動を続け、南アフリカ共和国を樹立した故マンデラ元大統領の同志、パトリックさんが作った「ツーシスターズ」という里親的養護施設に連携し、絵を描くための画具や画用紙を送ることでした。送ってくれた子どもたちの絵を、商品やお茶のラベルなどに活用し、それで得られたお金を現地へ贈り、自立のための励ましにさせてもらいました。

会社の使命＝個人の使命

ビジネスと別の次元で、個人も企業も、無償の行為としての寄付や、ボランティア行動をするという考えが、世界に広まっています。ですが、もう一歩踏み込んで考えれば、ビジネスも人への貢献も愛情表現も、ひとつになった活動を、継続可能な事業として行いたい。自分にも、もうそれができるのではないか。こういう考えが、はっきり私の心に浮かんできたのです。

踏み込んだ考えというのは、富んだ人や国の施しや、政治目的のボランティアではなく(別にそれでもいいのですが)、他の人の幸福や生活の改善や「生命」の存続のために、自分にとって必要な行為として「贈与」を行ったり、物心の貢献や交換を行ったりすることが、私と世界に、同時に課せられた使命であり、課題なのだということです。

これが、大阪と神戸のあいだの古い街に住む平凡な個人と、小さな会社が抱いた、大きな夢です。

きれい事だという人がいても、そういう行為が企業にも国にも個人にも、自分自身の存在と「生命」の維持を可能にするために、必要なんだという時代が来ているのは、間違いないことだと私は思います。コロナウイルス禍と度重なる自然災害は、大きな世界の変換点になると思います。

もともと私の会社の社是や、経営理念は、そういう考えを表わしたものです。「ダイヤの雫」の価値とともに、理解していただければうれしいと思います。

こういう率直な思いが、先に紹介しましたが、私たちの会社の実践目標の一つである「国際社会への貢献」に、やがてつながっていったのです。

私のアフリカとのお付き合いの始まりから、NPO法人「アフリカの子ども支援協会」の設立にいたるまでは、十数年という歳月がかかりましたが、化粧品と、ルイボス紅茶、「ダイヤの雫」の収益の一部は、アフリカの子どもを中心に、日本と世界の子どもの元気で自由な活動のために、微力ながら支援をさせていただいています。

「宣伝のためではない宣伝」が難しいのと同じで、自分の事業の「社会貢献」について本気で語るのは、どうしても心苦しさと別にはなりませんが、「水」がもたらす「奇跡」の、理にかなった正しさが、心を清浄にし、自然に払拭してくれると思います。

（三）「青い丸い地球」――そのイメージが伝える使命

肩の上の像

いったん、私がメーカーに勤務していた時代へ話を戻します。

前に述べましたが、アメリカのシカゴ、ロスアンゼルスに駐在したあと、三度目の赴任地としてイギリスのロンドンに住んでいた頃、右肩の上のあたりにフワーッと浮んでくる青い地球が見えてきました。そのシンボリックな体験は、私と「奇跡」の出合いにとって、重要な道しるべになったので、少し詳しく述べてみます。

それは、いわゆる透視というような現象だったと思います。特別に吹聴される「超常現象」や、「超能力」ということに、特に同調はしませんが、そういう心的な現象は、異常としてではなく「事実」として実在します。他人の身におきた「奇跡」を、言葉だけで信じる必要などないと思いますが、時にご自分が体験する精神現象は、「事実」として認めることが必要ではないでしょうか。

「ダイヤの雫」を使っておられる方々の体験談にも、よくそういう精神との感応や、直観による使用動機をお聞きすることがあります。「水」のもたらした「奇跡」と同じく、ご自分の内に生まれてくる精神現象も、「いまそこにある事実」として認めた上で、書物やデータのように、読み込んだり、分析したりして、ご自分のものになさってください。

興味が尽きれば、「奇跡」はいつでも捨てられます。

私の場合は、私の肩の上のイメージの像から、「青くて丸い地球」という克明な印象を受け取り、それが魂に刻まれたという感じでした。いま考えれば、この像への興味に導かれて、「ダイヤの雫」という「奇跡」へ行きついたような気がします。

今から三十年以上も前のことですが、当時はこの透視現象が何を意味しているか、よく分かりませんでした。しかしそのとき以来、明らかに私の心に変化が起こりつつありました。それはとても確かな変化だったといえます。いまのままでいいのだろうか、そういう根源的な疑問を、自分自身に対して抱くようになったのです。

青く美しく澄んだ丸い地球が浮んできたこと自体を、私は、何か普遍的な真実の世界からの、大切なメッセージとして受け取りました。それは、シャーマニズム的な精神世界の復元ではないと思います。複雑である意味殺伐とした現代社会を生きる者の、主観や直観に訴えてくる声や衝動は、意味のある言葉として読み取れば、それだけこちらも豊かになれると思います。

「そうだ、人生の折り返し点を越えるこれからは、何か人のためになることを、みずからの使命として取り組むことなのだ」と、私は本当はただぼんやりと、しかしもう逃げられない気持で、考え始めていました。

当時イギリスで関わった会社は、数百名社員のいる日本の大手商社との合弁会社で、そこへ弱冠四十歳で社長として赴任しました。待遇も良く、いたれりつくせりの海外生活を送っていました。

そんなときに天命のように降りてきて、私に雷に打たれるような覚醒を与えたのが地球の像だったのです。本当に目が醒めたように、私はここから第二の人生へ折り返して歩むことが、悔いのない日々を過ごせることになるのだと思い、その後四度目の駐在を終えてから、長年勤めた会社に辞表を出し、四十六歳で新たな人生にチャレンジする決意を実行しました。

妻にも相談したところ、快く私の背中をポンと押してくれるような感じであり、新しい道を前向きに進む決意をしました。苦労はあったでしょうが、いまにいたるまで不満は聞かされていません。一緒にネコのパコを可愛がっています。

ゲル化粧品の開発

メーカーを辞めてから出会ったのが、美容関係の仕事で、それまでの電機・家電関係の業界とは、まったく分野の異なる世界でした。扱った商品は美顔器です。その時、機器と併用する化粧品も、厳選して一緒に販売しようと思いました。

そこで選んだのがゲル状の化粧品です。この選択には、「地球に優しい」という私の理想が深く関係しています。当時、同じ理念に基づいて、地球環境に害を与えない化粧品を開発した方が東京にいて、すぐに相談したわけです。

この方が化粧品の成分に使ったのがゲルです。ゲルとは何か。辞書による説明には、《コロイド溶液が、水のような流動性を失い、多少の弾性と一定の硬さをもち、ゼリー状に固まったもの。寒天、ゼラチン、豆腐、こんにゃくの類》の、要するにネバネバした成分のことだと書かれています。同じネバネバ成分でも、動物起源のものではなく、自然界にある海藻類や、植物のアロエやオクラ、山にある粘土などに含まれているものです。

当時販売されている化粧品のほとんどは、水と油を融合させるための、「合成界面活性剤」を主要成分に含んでいました。コストも安くて済むからです。しかし界面活性剤や油は、洗面所で化粧品を洗いおとしたとき、ちゃんと分解せずに流され、それが自然界の大切な水や土壌を汚してしまうという、欠陥があります。

私は地球のために、この自然起源のゲルを使用した化粧品を、ぜひ美顔器の顧客に使ってもらいたいと思いました。それで、開発者から紹介してもらった大阪のメーカーから、ゲル化粧品を仕入れて販売したのです。

このような機縁を通して、現在私は、南アフリカのルイボス茶との出合いも活用し、ルイボスエキスを成分として配合した、ゲルの状態で使える独自の化粧品を開発して、販売することになったのです。その後「ダイヤの雫」も配合しグレードアップ、まさにこの世でオンリーワンといえる「地球に優しい」、そして肌に優しい化粧品だと思っています。

当時の化粧品の製法は、基本的に水と油と合成界面活性剤を使うのが主流でした。しかし油や合成界面活性剤で洗い流した後、自然には分解することがなく、その結果河川の水を汚染し、環境に悪影響を与えることが分かりました。

ゲル化粧品の優れた特性について、詳しい説明はこの本では割愛させてもらいますが、この製品の開発も、まさにあの青く美しい地球のイメージから導き出された、「人と地球に優しく」という会社理念にかなうものでした。

メーカーを辞めた私が、最初に出合えたルイボス茶も、農薬を使用せずに栽培され、ノンカフェインであり、微量ミネラルを豊富に含んだ優れた飲み物でした。特にねらってそういうものを探したというより、自然の定めに導かれるように、自分のモットーに合致した素材や作物と出合ってきました。

このように、家電製品の扱いしか知らなかった私が、心象のレベルを超えた「青い地球のイメージ」に導かれ、まったく異なる分野に挑戦して、歩んでこれたことで、自分に託された使命を実感することができました。幻視の像をこの目で見て、二十年後に、無言の「地球」のメッセージとして、分かったということです。

本章の核になるのは、「奇跡」の根拠を信じ、「奇跡」へ自分を導き、「奇跡」の実現をもたらす、この使命感のことでした。超能力や、偶然や、思い込みの世界ではないことを、ご理解いただけますか？

地球の表面の約七十パーセントは水です。そういう構成比だから、地球は太陽の光によって、青く、美しく、輝いてみえるのです。やっと、「人と地球に優しく」という言葉の、本来の意味が分かり、腑に落ちました。

この歩みの延長に「ダイヤの雫」が出現しました。青く美しい地球は、まさに大宇宙の中の、ブルーダイヤモンドの一滴です。この心に浮かぶイメージの根源を訪ねることと、「ダイヤの雫」の誕生の意味と、その「力」の客観的な根拠を追求することは、きっと相通じることだと思います。

以上が「ダイヤの雫」にいたる私の仕事の歩みです。お伝えしたいのは、事業としての成功譚ではなく、この歩みを支えている信念や、使命感の重要性です。それこそが、「水」の「奇跡」につながっていくと思うのです。

次章からは、体験や研究の事実と、その説明に徹していきます。その前に、イメージというものがはらむ真実と、信じる心がもつ神秘的なパワーについて、お話ししました。

古く小さな美しい阪神間の街で生まれ、瀬戸内海に落とされた「ダイヤの雫」は、やがて全世界の海に広がり、五大陸にあまねく伝わってゆき、「人と自然に優しく」が、実現されていくものと信じています。

……………

（四）道程

僕の前に道はない
僕の後ろに道は出来る

これは明治から戦後まで活躍した高村光太郎の詩「道程」の出だしです。ここまで書かせてもらったことと、これから書いてゆくことの、つながりを自分でつけておきたいと思います。

本を読まれる方の、興味に外れるかもしれないのに、私が「ダイヤの雫」に出合うまでの物語めいたお話をしたのは、宇宙や自然界で起きる現象も、私の「奇跡」との遭遇も、皆様と「ダイヤの雫」との出合い方も、けっして偶然ではないということを言いたかったからです。

その物語の中の出来事は、科学の法則の中には入っていませんし、宗教の導きによるものでもありません。しかし、不思議ではあるけれど、道理にかなった出来事があるように、証明になる数式や実験値はなくても、確かに間違っていない答えというものはあります。また、直接の効果の証明ではなくても、その「水」の働きや、人体に無害であることを根拠づける検査基準や、研究成果は間違いなく存在しています。少し専門的になって、ややこしい話になる面もありますが、第三章で詳しくご説明します。

漠然と良い結果を願望するより、もっと強い心でそういう「奇跡」を願った——そういうあなたの気持ちの正しさと、健康の回復を願って、声を挙げたあなたの身体の純粋さを、まず認めてあげてください。「ダイヤの雫」は化粧品の無料お試しセットのように、半信半疑で（失礼）、まず使ってみていただいて結構です。本気で疑うのはそれからでも遅くありません。

「奇跡」を信ずる心は、偽物や嘘を疑う心と別物ではありません。私も自分の判断や方針を絶えず疑いながら、人の意見を聞きながら、真に確かなものへの「信」を鍛え、事業を行っています。

国や大きな立派な企業でも、自分の利益のために、嘘やごまかしに近い政策や商いの仕方を選ぶこともあるかもしれません。しかしコロナ禍以降は、そういうやり方がつかの間の利益にさえつながらない――そういう世界が来ると思います。きれい事でなく、人のためになり、人の苦しみや貧困や災害を除き、具体的に救い出すことが、初めて自分の側の利益や、幸福につながるという考え方が、指導者や経営者に必要不可欠な時代になります。

人が純粋に抱く健康志向や、切実な美や生命へのニーズにつけこんで、悪事をする者は世の中にいます。ポストコロナの新しい世界にも、そういう者はきっと存在するでしょう。しかし、いまや、詐欺や悪意の発想からは、本物の商品は生まれません。そんなものは今後、商品として通用しないのです。

そのような商品は、効果に疑問のある薬品や、不必要と思われる保険や、嘘のニュースや、責任を果たさない政治などと同じように、一般に支持され流通することができません。解決としての「奇跡」を求める方の心の欲求と、交換できる「効果」をもっていないからです。

この「水」の効能を通した、特権的な利益関係など、絶対に生まれません。ウイルスの性質の逆で、「ダイヤの雫」は人と人を隔てません。一気にそれまでの距離《ディスタンス》を縮めながら、広がって行きます。健康を損なう性質の細胞や菌や体内物質を変貌させ、良い性質にしていきます。

私たちの人間関係や社会もある面では同じです。もし万一よこしまな目的でこの水に近づく人がいても、知らない間に人のために良いことだけをしてしまうことになり、考えが変わることでしょう。「効果」を求めておられるお客様、普及に尽力をいただいているスタッフの人たち、お互いに何も心配ありません。「水」の力を信じてください。

ちなみに私も開発者も、「水」の効能に対しても、適正な価格についても、誇りをもっています。その誇りを共有しましょう。「奇跡」の身になって、いやこの「水」の身になって考えれば、稀少価値として独占されるより、あたりまえのように、ただ限りなく広がっていけたほうが、うれしいに決まっています。

「ダイヤの雫」は、いまたしかな実績の下で、「奇跡の水」と呼ばれていますが、宗教的な奇跡も、科学的な奇跡も、為す側と為される側のあいだに、客観的な「信」がなくては成り立ちません。医者と患者、先生と生徒のあいだのように。偉大な宗教の創始者も、巷の一介の研究者も、そういう「信」に支えられていたと思います。

何によってもたらされる場合も、「効能」は、ただの期待値や、願望や、幻想であってはならないし、成分効果を示す実験データや、化学反応式をかかげれば、信頼が得られるものではないでしょう。

「ダイヤの雫」の「力」に守られながら、共に明るい道を歩んでいきましょう。

Ⅱ　「奇跡の水」はこうして生まれた

（二）「ルルドの泉」と「水」のつながり

有名な聖地伝説と「ダイヤの雫」

この「奇跡の水」の発明者（と、私は敬意を込めてそう呼びます）であるKさんは、この「水」の開発に心血をそそぎ、独力で製品化に必要なことのすべてを行い、「ダイヤの雫」誕生にいたるまでの道程を導いてくれました。

本章では、彼と私の出会いや、彼の「奇跡の水」との出合いのプロセスを、かいつまんでご報告します。「ダイヤの雫」への信頼を、より確かなものにするために、Ⅰ章で述べたような、人に健康と幸福をもたらす「奇跡」を、世界へ広めてゆく事業の歴史に、「ダイヤの雫」の物語が加わります。

彼は、「ダイヤの雫」を、みずから特許を取得した「活量調質水」として、実験やデータを使って説明される以外に、分かりやすい証拠を見せてくれました。それは、この「水」に浸けた金魚や野菜です。死んでから十年近くも経った金魚が、理科室にあるホルマリン浸けの魚の標本みたいに、いや、もっと生きていたときに近い状態で、腐敗も変質もせずそこにありました。野菜の葉や茎も、繊維がしっかりしていて、食卓にあったときの鮮度を失わずにそこにありました。

これは実は、あとでお伝えするKさんと「水」の出合いのきっかけにつながる光景だったのです。

科学的な話へ移ってゆく前に、この「奇跡」の由来や根拠を、西洋に伝わり、多くの人の心と身体をゆすぶった、キリスト教にまつわる「奇跡」に重ねてみましょう。

「ダイヤの雫」は、フランスにある聖跡「ルルドの泉」の水と、似通ったところがあります。わが「奇跡の水」の有効成分が、無理に作った化合物ではなく、自然由来の組成分子であるなら、その有効性を発揮する「水」の形としては、自然界のどこにどう存在していたのか、開発者もいろいろ探求されていましたが、その中で、この泉の水の不思議に興味をもったのです。

もちろん実証は不可能ですが、伝承されてきた、洞窟の中の泉の水は、同じような成分から、「奇跡」としての力を発揮しているという推測をしています。宗教の奇跡はそれ自体として独立した価値をもち、深く広く多くの方の心を打つのですが、そのような「奇跡」に近づく別の世界の根拠を、「ダイヤの雫」は現にある成分や、その効力としてもっているということです。

ご存知の方も多いでしょうが、一八五八年、南フランス地方のルルドという所で、ひとりの少女の前に聖母マリアが何度も姿を出現させました。いまも本が各国で出回り、世界的に知られた宗教遺跡です。聖母の出現された洞窟内の湧水は、その後も人々の病を癒す奇跡を起こし、「ルルドの泉」は聖地としてあがめられるようになりました。

聖なる力の絶対的な存在は認めた上で、その泉の水の成分に、「奇跡」の根拠の一端は確認できるのです、というのが「ダイヤの雫」開発者の意見でした。彼と私は三十年来の仏教を学ぶ仲間でもありますが、「奇跡」の根柢にある根拠について、私たちは誰にも負けない「信」の心をもっています。

この少女の名はベルナデッタです。やがて彼女は修道女となり、修道院で病人の付添人や、看護助手、聖具係として献身的に働きました。しかし元来病みがちだった彼女は、一八七九年四月十六日に三十五歳で亡くなります。

それから三十年後の一九〇九年、ベルナデッタを、教会の信者の中で、特に徳と聖性をもち、聖人に次ぐ福者という地位に上げる手続きのために、司教が彼女が眠る棺を開け、遺体の身元を確認し、その状態を調査させました。そのとき、聖母マリアの出現に続く第二の奇跡というべき現象が発見されたのです。

棺の中の遺体は、死後三十年という歳月が経っているにもかかわらず、少しも腐敗せず、白骨化もせず、埋葬されたときのままの状態に保たれていました。聖なる泉の水の力が、聖母出現に続く、この遺体保護の奇蹟のために、役割を果たしていると考えられます。

調査が行われたとき、彼女の顔も、手腕も白く、肌には弾力がありました。口はまるで呼吸しているかのように軽く開き、そこからは健康な歯さえのぞいて見えました――聖地を紹介する書物にはこう書かれています。まぶたはわずかにくぼんだ眼窩の上で柔らかに閉じられていました。そして彼女の顔には、夢見る少女のような、恍惚とした表情が、生き生きと浮んでいたそうです。

すでに時代は近代に入っていました。教会の正式な調査を経て、ベルナデッタは一九二五年に「福者」、一九三三年には「聖人」に列せられました。

「奇跡」と科学のつながりを求めて

この章では、私が「ダイヤの雫」に出合うまでの、「奇跡」に対する強い想いや、あくなき探究心について書いていますので、「ルルドの泉」やベルナデッタという、西洋の国の神秘の背景についても、客観的な見解を記しておきます。「ダイヤの雫」とのかかわりも含めて、私たちはおよそ以下のような推論を持っています。

太古の昔、宇宙から降ってきた隕石が、地球に激突したときに、それまで地球内に存在していなかった物質がもたらされました。隕石が含んでいた分子か、高熱や重圧で変成された分子か、激突の衝撃でいったん舞い上がった分子が地上に戻ったのか、詳しいことは分かりません。

地球の鉱物と異なる成分や組成で成り立った隕石は、激突時のエネルギーで変成し、また何億年も冷やされ、地中に堆積します。後年人類がそれを掘り出し、貴重な宝石や鉱石として尊重するようなものもありました。

ヨーロッパ東部のモルダウ川流域で取れるモルダバイトという石は、珍しい緑色の隕石で、「アーサー王」伝説に出てくる「聖杯」に用いられたといわれます。神秘的な色とともに、不思議なパワーがあると信じられたのです。隕石とともに飛んできた物質の中には、地球上の生物の起源につながる分子があったと考える学者もいます。

宇宙の成り立ちを考えれば、元来地球内に存在した物質や、そこに宿った生命と、地球外からもたらされた物質や生命を、分けて考えることは無意味かも知れません。

追い追い量子コンピュータの解析や、細かいデータ分析によって、いろいろな真実が見えてくるでしょうが、「宇宙の始まり」「宇宙の果て」と同じように、地球の起源や、生命の起源についての真実は、まだほとんど分かっていないといえます。

「奇跡」のもつ効力と、宗教や信仰が生み出す不思議な感動も、科学性と、神秘性の正しい融合の在り方として、明らかになってくるといいですね。科学性と、神秘性は、互いに否定し合うものではないと思います。そのとき、「ダイヤの雫」が、前代未聞のひそやかな発明であり、発見であったことを、人間でもAIでもいいですが、優れた頭脳がより確かな事実として解き明かしてくれるでしょう。

鉱物にひそむパワーの話は別にして、「ルルドの泉」も、地球の大地が隕石などに受けた衝撃から生まれたものの一つで、それによって不思議な力を宿すことになったと考えられます。世に存在する不思議なパワーには、現在未知のエネルギーとして認知されつつある「気」とか、念力とか、波動などが挙げられると思いますが、泉の水の成分に、

「奇跡の水」と同じ働きが想定されるのです。

だからこの「水」の原液に浸して保存された魚や野菜が、生きているように見えたのだと、私も納得ができます。ルルドの水は大自然の中の偶然で誕生した「奇跡」ですが、「ダイヤの雫」は、「ひらめき」によって、まるで天から聖なる使命を与えられたように授かり、製品化することができました。そういう意味の「奇跡の水」なのです。

棺の中で死後三十年経過しても、まるで生きているような身体の状態を保っていたように、「ダイヤの雫」に浸けている魚や野菜は、実験を始めてかれこれ十年経っても、ほとんど変化せず生きていたときの形を保っています。成分が同じかどうか確定されていませんが、この二つは似通った根拠による現象だと考えられます。

「奇跡」の根拠について、世界的な宗教伝説と、つながるところをみていただくために、あえてこのようなお話をしました。

あとでもふれますが、ここで少しだけこの発明の真髄について語っておきます。

開発者はこの腐らない人や魚や植物の状態を、熊などが冬眠する「仮死状態」の、ちょうど反対のあり方を示していると考え、「仮生状態」という言葉を創りました。

現代の医学的法則に従った検査測定や、薬学的な価値基準に順じた証明が、どうしても不可能なものが、科学的に存在します。

「ダイヤの雫」はまさにそういう存在であるわけです。その効果と働きは、現在、国や国際社会が定めている法則や、基準に反することではありません。また、人体の自然なシステムをこわすものでもありません。しかも、いま起きている現象の正しさが、事実として世の中へ広く伝えてゆけるとしたら！――私は開発当時の話を聞き、自分の夢との符合を語りながら、興奮を禁じ得ませんでした。

このように、大自然の中で奇跡的に生まれた「水」を、さらに進化させたような「力」を、ペーハーを自在にコントロールしながら創りだせること。これは、いままでの世界の歴史の中に、分野を問わず、かつてなかったような出来事です。新しいお金儲けの発明などと考える前に、自分が人と生きて行く毎日にとって、本当にびっくりするような希望と可能性が発見されたという実感です。

私は冷静に、コロナ禍以降の世界の大変化を見据えながら、生活の場でしみじみと考えます。この「水」は、人類を救うのみならず、地球上の命あるものすべて、動物にも植物にも、優しく「奇跡」の手をさしのべていきます。

たとえば人間の体内で、一種の菌や細胞を抹殺することで、他の有用な菌や細胞まで死滅させ、自然で健康な身体の機能やシステムのバランスをこわしてしまうやり方ではないのです。

その機能やシステムが健全に働くように、偏ったバランスを整え、失われたパワーを補い、「スピード感をもって」問題を解決し、「持続可能な」健康を作り直す「ダイヤの雫」は、間違った対立や競争や選択で成り立ってきた世界が、一つの災害のように終わった後の、新しい経済や政治や社会や「生活様式」のあり方の、モデルを示しているような気がしています。「水」について考えることが、ごく自然に、生命の根源について、考えることのように感じられます。

大袈裟な話に感じますか？

プロのモニターさんを使った、効能宣伝のパターンのようになりますが、「ダイヤの雫」をお使いいただいた方でしたら、私の言う「希望」や「可能性」の意味も、事業に対する自負も、理解していただけるように思います。初めに申しましたが、私の文章表現が、誇大に思われたら、それは「ダイヤの雫」のもっている「事実」の力を、専門用語以外の言葉で言い表わすボキャブラリーが、不足しているからです。同姓の文豪に少し羨望を覚えるゆえんです。

商品開発や販路の開拓についても、営業や宣伝についても、数多くの経験を積んできたつもりなのですが、いままでこのような製品に出合ったことはありません。

私の事業は、お医者さんや薬剤師さん、薬局経営者、化学者、大学の研究室、介護関係者、法律・行政の専門家の方々のご協力やご支援で成り立っています。このような陣容は、競争や他への攻撃のためではありません。大きな夢と、地道な歩みを守っていくための防御です。お客様とスタッフの信頼は、絶対に裏切ってはならないと思っています。会社を立ち上げて以来、私はこの信念を守って事業を行ってきました。

Kさんとの三十年前からの出会いによって誕生した「ダイヤの雫」は、私のような凡人にも、この世で果たしていく役割があることを、示してくれた、さずかりもののように感じます。おのれの心の中の「信」に基づき、心して取り組んでいきたいと念願しております。

私にまつわる物語は、太古の隕石が地球にもたらした「奇跡」も含め、「ダイヤの雫」というい《ママ》ま始まった壮大な物語にとっては、小さな「前史」にすぎません。

あとは事実を事実としてお伝えし、「奇跡」を「奇跡」として体験していただくことによって、自然に物語が展開し、伝達の翼を広げ、世界中で幸福を交換していってくれると信じます。

※『ルルドの奇跡』（創元社・二〇一〇年）

（二）「奇跡の水」の誕生

物語の発端

私が初めてKさんに会ったのは、会社を辞めて独立した頃、もう三十年ほど前になります。仕事で知り合ってから親しくしていました。当時彼は、衛生管理のコンサルタント関係の仕事をしていました。そのとき私は抗菌・消臭タオルをつくり販売しておりました。会ったときに少し話をして、何気なくそのサンプルを彼に渡し、それきりそのことは忘れていました。

あるきっかけで、その成分の抗菌作用を、ご自分の仕事に活かそうと彼は思い付きます。いろいろ試してみるうち、その成分を「水」に含ませる方法を発見します。

発酵・醸造や微生物培養など、バイオ化学の分野では、そうやって偶然生まれる発見や研究の成果が、多く報告されてきました。考えたら昔、科学も化学もない時代に、お酒や味噌や調味料なども、偶然と生活体験の接点で、学者や医者ではない人たちが、発見し、発明し、暮らしの中で活かしてきました。

「奇跡の水」の開発も、いろいろな努力の下地はありますが、計算や分析の中から理に導かれて成功したのではなく、偶然と必然のまじりあったものとして、「ある日突然世界は変わる」という類の出来事が起こりました。

聖女ベルナデッタの場合は、遺体をくるんでいた布に、人為か自然現象か分かりませんが、泉の水が沁み込み、抗菌防腐剤の役目を果たし、聖なるものが、聖なるものとしてあり続けることを、可能にしたと考えられます。「ルルドの泉」の奇跡には、伝説としての尾ひれがついているかもしれませんが、「ダイヤの雫」は、実直で無欲な開発者に、どこからか授けられた奇跡であり、「事実」としてのみ伝えられるべきだと考えます。

Kさんはいくつになっても「初心」の人で、名誉や商売よりも、世のため人のために自らの使命を果たす、という考えの持ち主です。開発の事実を、正確に伝える、という一事で、私も彼の誠意に応えたいと思います。「ダイヤの雫」誕生のエピソードも、研究開発の過程も、何を誇張する必要もなく、ただありのままの記録として、ご報告したいと思います。

「奇跡の水」開発のきっかけ

「あるきっかけで」と書いたそのきっかけについてお話しします。前述の通りKさんは当時、首都圏を中心に、食品衛生に関するコンサルティングの仕事をしていました。ある日、顧客である寿司屋さんを訪問したとき、毎日残る魚のアラに、外から来るハエがたかるのを、何とかしたいといわれました。

いろいろ対策法を考える中で、私が二年前に紹介した抗菌消臭用の布製品（木綿袋）のことを思い起こしました。ずっと彼も気になっていたのですが、具体的な仕事との接点がなく、そこから何かの製品開発を考えるということもなかったのです。アラや生ごみの処理、ということでピンと来て、その三十センチくらいの木綿の袋に、中に魚のアラを入れてみました。そして露天に一週間置いておいて、見に行ったらまず匂いがしなかった。袋を開けてみたら、驚くことに、ぜんぜん腐っていなかったのです。冷蔵庫に入れておいたわけでもないのに、そのような生の廃棄物が腐食していなかった。彼自身びっくりしたそうです。

寿司屋さんの生ごみ処理は無事に解決しました。しかしこのとき彼のもち前の探究心（好奇心）に火がつきました。

これはえらいものを見てしまった、と彼は思い、研究を始めたわけです。もともと私の紹介した袋の内側にはカルボキシル基（ＣＯＯＨ）が付いていて、それが抗菌効果をもっていたのですが、彼は布を切り取って調べて、そこにアミノ基（NH_2）という成分が含まれていたことがわかりました。このアミノ基の働きで、アラの腐触を防ぎ、匂いの発生も防いだことが分かりました。

もともと、この技術は、ある基幹産業での、開発の過程で附属的に生まれたもので、防腐や防臭の効能もあることが後に分かりました。私はとりあえず抗菌消臭用のハンドタオルのような形で、商品化を検討してみました。

その成分分析と取り組みながら、より汎用性のある「水」の創造を、夢として思い描くと同時に、具体的な開発プランをご自分の頭にインプットしたのでしょう。

そしてその研究の過程で見せられたのが、あの金魚や野菜などの、年月を経ても腐蝕しない姿でした。彼が本当に見せたかったのは、生命のない魚や植物を漬けて、鮮度をまるでまだ生きているもののように保ち、腐ることも匂うこともないまま、保たせているその「水」の作用のすごさだったのです。

化学の専門ではないし、寿司屋さんでの実験のように、この「水」に生ものを入れて、それが確かに腐っていないことを示せば、論より証拠になるじゃないか、という発想もありました。もちろん彼は、論は論として必要なことは分かっていましたが。

彼は、その効能を発揮する分子成分だけを摘出し、水の中に溶け込ませたらいいということを考え、本業の傍らまた一年ほどかけて、素人のねばり強さで、製法を追求し、とうとう成功させてしまいました。一定の基準で、成分を水の中に固定することは、本当に難しいことだったそうです。大げさでなく、歴史的な、世界的な、一つの発明だと思うのですが、ご本人は「できてしまったよ」という感じで、私にすぐ知らせてきました。学者の先生や研究者が、思い付かないような形で、化学的な難題を解いてしまいました。

それでまず、特許を取っておこうと思いました。

成分分析と、化学的な分析から、優れた抗菌消臭効果をもつその物質を溶かした水が、人体とその健康に害がないということは確信できました。「信」が生まれれば、あとは実現に向かって努力を尽すのが、彼の生き方でした。

私も私自身の夢を、会社を運営しながら追いかけ、研究開発の歩みを、はらはらドキドキしながら見守りました。課題は、何度も言いますが、その分子を、いかに普通の飲料水に成分として融け込ませ、生命や健康の維持に有効な働きをさせられるかということでした。

急いではいなかったのですが、特許庁から何度も説明を求められ、やっと審査官から応諾の知らせが入りました。

しかし、抽出したその分子を、水に溶け込ませ、本来の有用な性質を、自然のままに発揮してもらえるように、水分中に安定した形で定着させるのは、なかなか良い方法や工夫の見つからない、本当に難しい課題でした。企業秘密というより、やはり偶然的要因や、幸運に類することの比重が大きく、私たちも、公式にその製品化実現の秘密（？）を、皆さんにご説明することができません。わが社の社長も、「そうねえ、不思議だったわねえ」と言って笑います。

しかし、「奇跡の水」＝「ダイヤの雫」のもった効力の確かさは、すでに客観的に明らかであり、それがもつ驚異的な可能性への、科学的解明も進んでいます。この発明がかなった瞬間の、不思議さや神秘さは、その確かな「水」の力を信じ、少年のような好奇心に従い、合理的な開発作業に従事した人の努力が、自然に引き寄せたものに違いありません。

Ⅲ 「水」の成分と体内での働き

（一）活量調質水とは

特許の意味

あらためての自己紹介です。国の特許を得た「奇跡の水」＝「ダイヤの雫」は、公用語として、「活量調質水」という名で分類されていますが、「活量」というのは、「水」の酸性・アルカリ性の水質基準を示すｐＨ（ペーハー）のことです。

「調質」は、そのｐＨを任意の値に固定することです。つまり、水素イオン量を増やすその調質の方法が、特許の対象となりました。特許取得は平成二五年末ですが、出願から丸六年かかっています。

特許取得は、事業の独占が目的ではありません。製法特許をもっても、大きな力に事業がつぶされる可能性などいくらもあります。しかしこの「水」は、大手のメーカーが手掛けにくい、人から人への信頼と、製品の効果によってのみ広げられる、地道な事業分野だと思います。

「活量調質水」で製法特許、応用特許を得、「飲料水」として認可を得た「ダイヤの雫」＝「奇跡の水」です。

Kさんも私も、とにかくこの「水」を、自分らの力で製品化し、人に届けていける態勢をつくらなければ、話にならないと考えました。

この章の目的は、「ダイヤの雫」が単なる商品開発ではなく、現代の医学や薬学に対するアンチテーゼでもないことを、十分ではないでしょうが、できるだけ客観的な資料で示すということにあります。

最初にアミノ酸の分子組成を紹介します。「NH_2」というのがアミノ酸の元になる「アミノ基」です。彼は、このアミノ基を抽出することに成功したのです。抽出したアミノ基を、成分として水に配合したものが、「ダイヤの雫」です。

実は、私も化学式など頭に入ってはいません。専門的な知識の、詳しい裏付けは抜きにして、開発者の信念に基づく地道な研究努力と、その結果生まれた「水」の力を信しているだけだといってもよいほどです。

その化学の素人が、利用者の方々の代表として、「ダイヤの雫」について理解し直すためにこの章を書いてみます。

アミノ酸は、「Ｃ」と「ＣＯＯＨ」と「ＮＨ^{2}」がセットになっています。「Ｒ」はいろいろな分子に変わって、二十種類のアミノ酸が組成されます。グルタミン酸だとか、イノシン酸とか、ご存知でしょう。人間の身体にたくさんある「ＮＨ^{2}」を、分子として抽出し、水に溶け込ませたのが「奇跡の水」です。

ポイントは、「ＣＯＯＨ」と「ＮＨ^{2}」のあいだで、「Ｈ」分子の一個分が行ったり来たりしていることです。この水素イオンの交換が、人が生きていることの証拠で、生命が保たれている現象の元を示しています。このやり取りが体温の元でもあり、これが止まったら死が来ます。ここで、アミノ酸脱炭素反応とあるのは、細胞から「CO」が抜けだす現象です。飛んで行った「H」が帰ってこなければ、そのままアンモニアになってしまうわけです。細胞が死んだら、水素イオンは行き来をしないから、体温は下がって行きます。

　クマや蛇の冬眠を「仮死状態」といいますが、心臓は動いていても、細胞は働いていない。「ダイヤの雫」が死んだ生体を腐らせず、生きているように保ち続けるのは、「仮死状態」の逆の、「仮生状態」というべき現象ではないか、というのが彼のユニークな仮説です。もちろん「仮生状態」は彼の造語です。

　死んでいるのに、「ダイヤの雫」の介入で、強制的に水素イオンをやり取りさせることで、細胞が、「まるで生きているような」状態を保っているわけです。飲める殺菌水

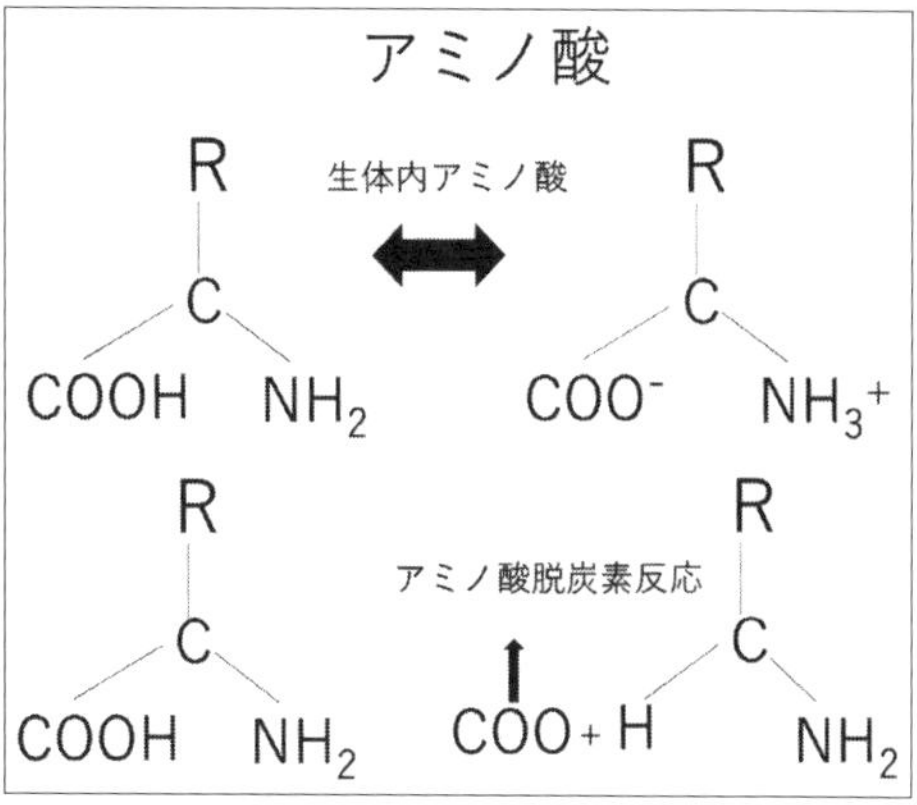

図１　生体内アミノ酸

であることと、「仮生状態」を作るということ。「ダイヤの雫」について、このような前代未聞の論理をたてないと、どうにも不思議な「水」の力のメカニズムは、説明できないとKさんは言います。なお、この「水」は炭酸ガスを吸うという特性をもっているので、エネルギー問題解決のために、何か別の発明がありうるかも知れません。

「ダイヤの雫」が、科学の産物であり、同時に自然の産物であることを、皆さんに確信していただくために、「奇跡の水」の研究レベルについて、その一端を垣間見ていただきました。

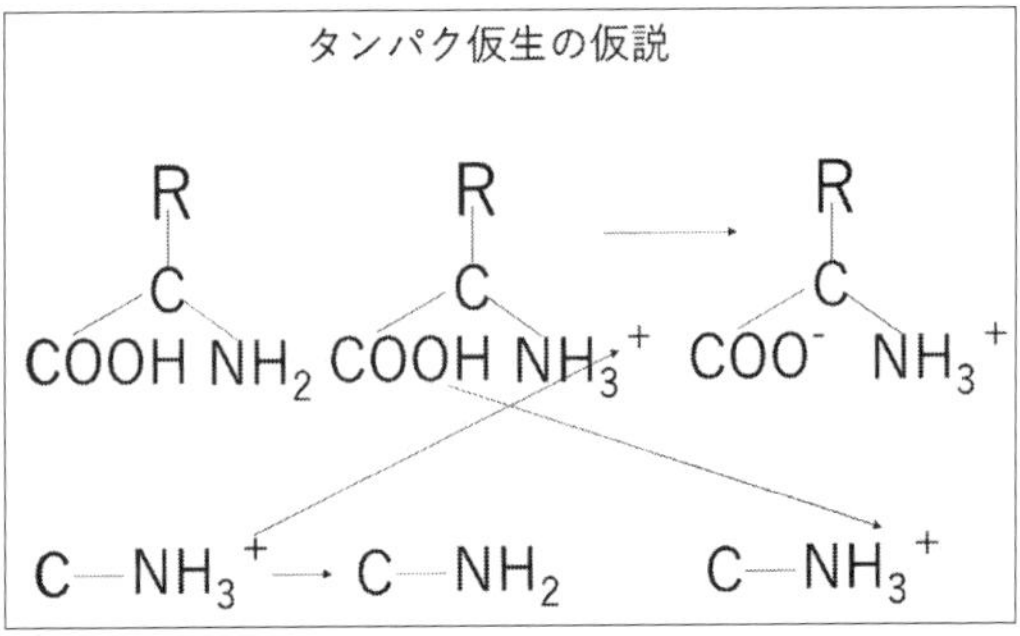

図2　タンパク仮生の仮説

特許出願の動機

水素が人間の身体に良いことは知られていると思います。細胞内の酸化によって、老化や病気の原因になる体内の活性酸素を、防いでくれるからです。この「ダイヤの雫」の製法の主眼は、もちろん水素イオンを増量した水、ということにあります。水素イオンが不足すると、細胞中の分子であるＡＴＰ（アデノシン三リン酸）という、人間の活動に不可欠なエネルギー源の働きが衰え、人体内の老化現象が始まります。

年齢にかかわらずＡＴＰの不足により老化は始まります。老化現象によって、内臓の働きは衰え、脳神経の働きも支障をきたし、最終的には人間は正常な生命活動を保つことができません。寿命そのものを失う形で、死に近づいていきます。

ＡＴＰは、細胞の中にあるミトコンドリアの内部で、酵素によって合成されます。その合成に絶対必要なものが、水素イオンなのです。水素イオンの作用で酵素がエネルギーの動力として、モーターのような働きを発揮できます。この動力が働かないと、健康は維持できなくなります。老化によるいろいろな障害や症状が生まれてきます。

細胞を作るのはタンパク質です。食物としては肉や魚や豆類などに含まれます。タンパク質と炭水化物と脂肪は、三大栄養素といわれます。タンパク質はアミノ酸に分解されて、体内に吸収されます。アミノ酸を組成するアミノ基が、同じくアミノ酸を構成するカルボキシル基と、活発に水素イオンを交換することで、ATP合成酵素を回転させています。

回転を落とさせないために、水素イオンの量を増やさなければなりません。健康の根本を作るATPの働きそのものを回復させなければ、すべての病気の治療は対症療法にすぎなくなります。自然治癒力の回復とともに、対症療法も、いまある苦しみを除くために必要なものだということは分かっています。

しかしこの水素イオンの細胞への供給が可能なら、根治と対症治療の両面に寄与できるのではないか。これは、特許取得に、つまり「水」の開発に、全力を傾けて取り組んだ最大の動機だったといえます。

（二）「ダイヤの雫」の効果と安全性

ATPの働きの仕組み

ミトコンドリアの存在は、生物学や解剖学の分野とともに、医療と薬学の最先端で、様々な可能性を秘めて研究されています。人間の生物学的な起源にさかのぼる研究と、いま現在の困難や障害を乗り越え、生命と健康の可能性を探る研究が、同時に行われていることに、深い感銘を覚えずにいられません。微粒子の存在や働きを追いかける研究と、宇宙の果てを追いかける研究は、かけ離れた課題のようにみえて、同時になりたつ疑問や不安や希望に応えるための、大事な試みなのだと信じます。

「ダイヤの雫」は、そういう試みや、人の願いにさおをさすような「奇跡」として、提供するものではありません。今後も続く人類の夢に、提供できるヒントとして、世に送り出したいと思います。

「ダイヤの雫」の効用について

皆さんの代わりに、「水」の効果と安全性について、開発者に質問してみましょう。

（問一）
「ダイヤの雫」が殺菌力をもち、同時に悪玉菌以外の体内の菌を殺さないという特性をもつことは、どういった検査データから確かめられているのですか？

（答一）
公的な検査機関である静環検査センターによる検査で、試験菌液一グラムあたり六百四十万個に培養した大腸菌を、被試験液である「奇跡の水」と、その二倍濃縮水に漬けてみました。その結果、六時間後に元の「奇跡の水」の場合は大腸菌六百四十万個が四千六百個に、二倍濃縮水の場合は五五〇個に減少し、二十四時間後にはどちらもほぼゼロとなりました。

同時に行った常在菌非抗菌データ検査では、試験菌液一グラムあたり八百四十万個に増やした大腸菌を、二種の「奇跡の水」の中に入れて、もともとあった常在菌を減菌せず、大腸菌のみに抗菌性を示すのかを見ました。その結果は、二十四時間後、原液の大腸菌は五千四百個になり、二倍濃縮液のほうは二万一千個になりました。

前の検査では、「奇跡の水」が大腸菌など悪玉菌を完璧に殺菌することが分かり、後の検査では、常在菌は、そのまま殺さずに生存させるという作用が判明しました。

水で薄めても同じ、次亜塩素酸ナトリウム（ハイターの原料）と同等の殺菌力をもち、飲んでもまったく安全な水。これが国が認めた「奇跡の水」の品質です。

その前に、「奇跡の水」は東京都の機関の水質検査で、食品衛生法に基づく「飲料適の水」の基準（厚労省管轄）に適合することが認められています。

飲料に適する普通の水が、同時に大腸菌という対象を完璧に近く殺菌するという作用をもつのは、驚くべきことだったと思います。鉄やマグネシウムやミネラルのような、身体に良いとされる成分を含む水でも、有害な菌が自然培養されるし、そのような有害な菌を除く効力をもつことはない、というのが世界の常識だったからです。

――Kさんが当時の仕事の関係で、すぐ考えたように、この水を食品の製造や保存に有効に用いれば、他の防腐剤を使わずとも、製品の消費期限や賞味期限を大幅に延ばすことができるわけです。悪玉菌を生体に無理なく制御できる、まったく新しい「水」の誕生です。

他に安全性の証明実験としては、ラットへの経口投与による毒性試験も行い、いくら続けて与え続けても、まったく死にはいたらないという結果が得られています。


（問二）

「ダイヤの雫」はどうやって細胞内に浸透し、殺菌などの効果を発揮することができるのでしょうか。

（答二）

この吸収可能のメカニズムが、解明されなければ、「ダイヤの雫」としての成分効果をあらかじめ信ずることはできないですね。確かに膝や腰の痛みの緩和や、潰瘍やびらんや傷などの症状の改善に有効な成分があっても、それをクスリとして口から飲んで、胃酸の待ち構える胃袋を通って、果たして患部や欠陥や傷ついた細胞に行きついて、効果を出す事が出来るのか、という疑問をお持ちの方は少なくないでしょう。

期待効果という心理作用によって、例えば血行が良くなり、薬効プラスアルファの効果があったとしても、継続的な使用が可能かどうかの問題は、この吸収性や浸透性のあるなしにかかってくると思われます。

「ダイヤの雫」の、「水」としての効用は、水H_2Oに溶けたアミノ組成物を支える、

C—NH^{2}（アミノ基）の分子式そのものに表われています。（一）で申したように、水とアミノ基のあいだで、H（水素）の交換が盛んになることで、水のクラスターが最小化されていきます。水のクラスターが小さくなると、水が組織の細部に容易に入り、深く浸透を果たすようになり、凸凹の内部の汚れ（老廃物など）を排除するような作用を可能にします。

盛んに行われる水素イオンの交換の中で、「NH^{2}」はすぐ「COOH」の「H」を取って「NH^{3}プラス」になります。残ったほうは「OHマイナス」になります。「OH」は、オキシフル（過酸化水素水）の組成分で、アルカリ性を示します。

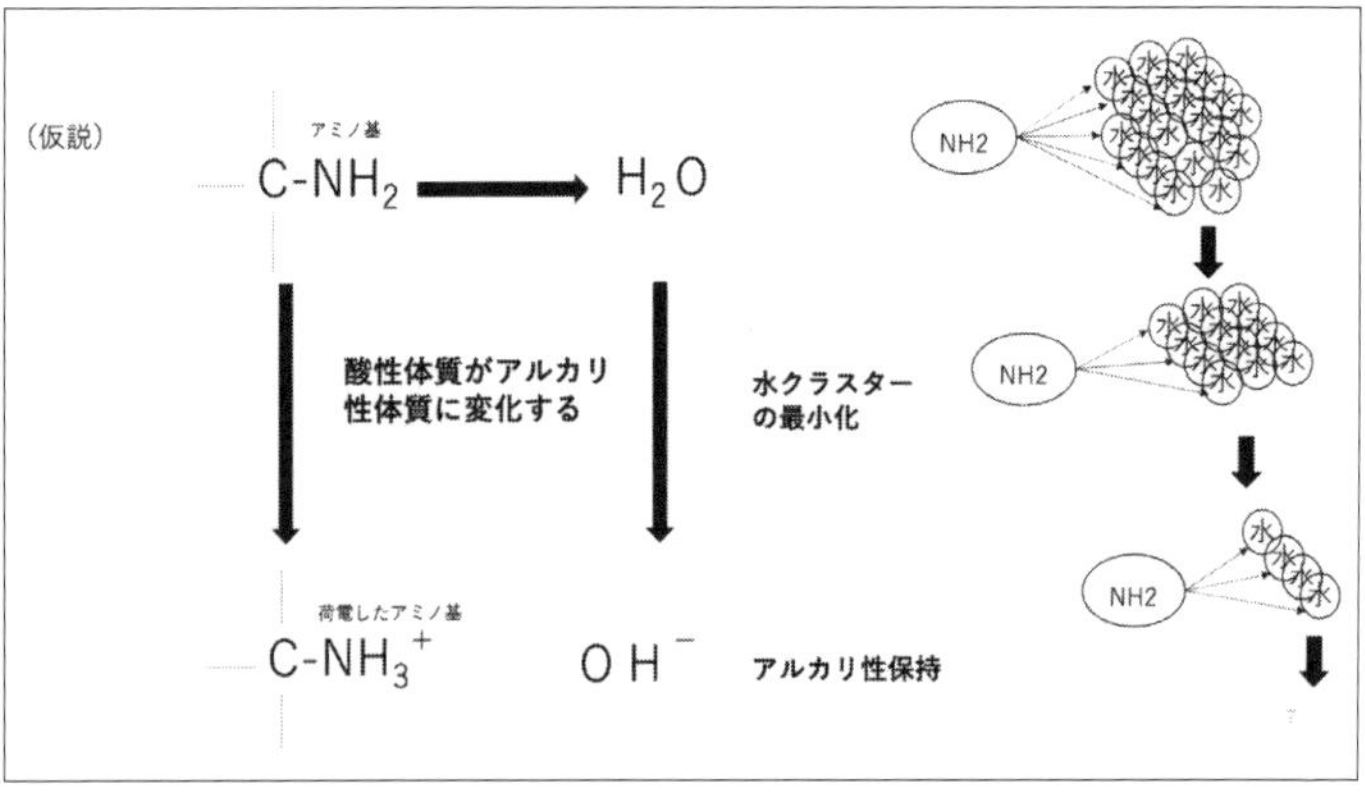

図3　ダイヤの雫が水のクラスターを最小化するメカニズム

これを飲んでいると体質が酸性からアルカリ性になっていきます。
　水素結合でダンゴ状態になった水が、その水素をつぶしながら、どんどん細かくなっていくのは、こういうメカニズムから起こり、洗浄能力や、吸収能力の増加につながっていきます。

　原子番号1の水素は、最も小さい分子ですから、酸化を防ぐ他の物質（抗酸化物質）のように、大きすぎて隅々まで行き着くことができないというハンディもありません。脳や胎盤のような難しい箇所へも浸透して、

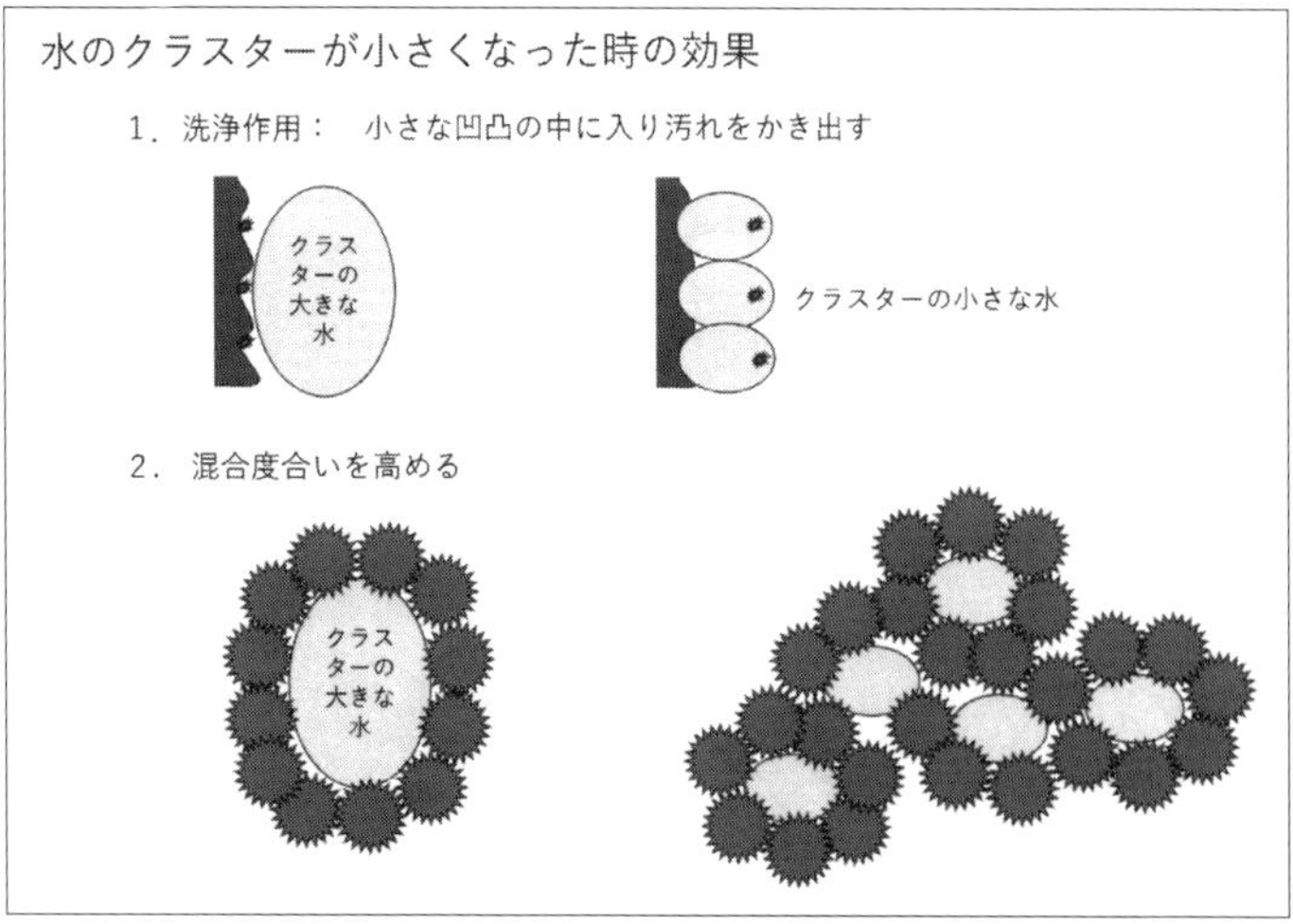

図4　水のクラスターが小さくなったときの効果

酸化を防いでくれます。

一般知識によると、人間は百五十年使えるだけの酵素生産能力をもって生まれてくるのに、夜ふかし、暴飲暴食、過労、睡眠不足、ストレス、過度な運動などによって酵素を使い果たし、百歳をも超えられずに生涯を終えてしまいます。さきほど述べたようなメカニズムによって、ＡＴＰ合成酵素を活性化し、体内に残量として蓄えることで、具体的に自分の長寿の幅を延ばしていきましょう。

酵素には、摂取した食べ物を細かく分解し、アミノ酸レベルに極小化して吸収させる「消化酵素」と、小腸から吸収されたアミノ酸などが肝臓に入り、そのアミノ酸を肝臓から全身へ運搬する役目を負う「代謝酵素」があります。人間の身体が弱ると、消化酵素は緊急事態に備えて代謝酵素に変身します。消化酵素が減少すれば、いくら栄養を取っても、栄養素を身体に吸収できませんから、ものを食べない状態になります。そうやって体内からエネルギーが失われていくのです。

ミトコンドリアは細胞呼吸で内部の水素イオンを膜の外へ運び出し、それがまた酵素を通って帰ってくるときに、人体のエネルギー源であるＡＴＰを合成するといわれます。「ダイヤの雫」が供給する水素が、この働きを促進することで、体内機能の向上による健康回復が可能になります。仕組みの説明より、以上のような「水」の働きから生まれる実際の効果を、ランダムに挙げていきます。

具体的な利用者の方々からの症状改善効果のご報告は、別の場所にて、紹介させていただきます。

１ アトピー解消

子どもも大人も長く苦しまされるアトピー性疾患。様々なやっかいな症状があり、ステロイドなどの抗生物質を使っても容易に治りませんし、副作用的な弊害も多く報告されてきましたが、「ダイヤの雫」をガーゼにスプレーし、毎晩疾患部にあてがってみたところ、数日後にすっかり治っていたそうです。イライラのストレスもなくなり、気分的にも解放されたようです。

2 チロシンの働きで…白髪が黒くなる

開発者も、「ダイヤの雫」の効用で、白髪だった頭の生え際や後頭部が、黒くなってきたと言っています。飲まなくて生え際にスプレーしただけで、髪が黒くなってきたという人もいます。原因はチロシンの生成が「ダイヤの雫」によって促されたからです。チロシンはアドレナリン（ストレス対抗力）、ノルアドレナリン（集中力）、ドーパミン（やる気）、甲状腺ホルモン（成長）などを生成する大切な体内物質ですが、髪への供給量が不足すると黒髪からメラニン色素がなくなってしまう。「ダイヤの雫」でチロシンが補充されると、酵素チロシンキナーゼによってチロシンとともにメラニンが戻ってくるから、黒髪復活！となるわけです。他にもチロシン供給による健康に良い影響は多くあります。

3「うつ」からの解放

引きこもり、うつ病、統合失調症、認知症への効果が数多く報告されています。もともとそれらへの改善と治療は、「心」の要因と、気質の要因の境目が分かりにくく、本人のためにどう対処したらよいのかが、医療としても、教育や哲学としても、大変難しい問題であると考えます。「ダイヤの雫」の普及に伴い、そういう領域での具体的な効果が多く報告されるようになって、正直それは予想外に近いものがありました。

フロイトの精神分析と精神病理学は、人類史に大きな影響を与えた研究で、「心」の働きの異常性を考える際の基本資料になっていますが、同時に彼は、気質の側に属する脳神経学についても研究を重ね、現在への提言になるような論文を残しています。そういう精神現象をただ「異常」と捉え、例えば引きこもりの少年を無理やり外へ引張り出し、学校や社会へ適合させようとするような対応の仕方は、暴力以外の何ものでもないことが指摘されています。

私たちも慎重に、「ダイヤの雫」の心的疾患への効果について、検証を続けています。そういう精神現象について、脳の組織を構成するニューロン（神経細胞）の、軸索と呼ばれる突起部分が、ふだんそこを覆っている被膜がはげてしまって、中の軸索が電気コードの中の銅線のようにむき出しになり、他の銅線とふれてショートを起こしているような状態であり、それによって、通常の伝達や判断が、難しくなっているのではないかと考えています。

そういう現象が起きる原因の一つが、いまや現代人にとっての公害にも等しい、ストレス状況の蔓延にあることは確かだと思えます。だからこそ、患者さんへの偏った機能的対応は控えながら、少しでもご本人が楽になれる対処法を見つけるべきだと私も思っています。これは戦争、難民、飢餓、疫病、自然災害という大問題と同じレベルで、人類史的に解いてゆかなければならない課題です。

「ダイヤの雫」の成分効果が、そのはがれた被膜の修復に役立ち、無害で、希望だけがもてる対処法として、その方のためになっているのであれば、率直にうれしいことです。「ダイヤの雫」の効果について、何となく疲れがなくなったとか、気分が楽になったという感想をおっしゃる方も多いのですが、心と身体の両方にまたがったそういう健康回復も、大事なことだと思います。

東洋医学にある「未病」や、不定愁訴や、更年期障害や、最近注目を集めた心療内科の分野など、あいまいに扱われながら、苦しみや不快感の実体としてある身心の状態に対して、この「奇跡の水」が根拠のある効果を示せればいいと考えます。

4 有害な老廃物を一つに固めて自然に外へ出す

二日酔いや便秘や口臭や、そういう不快現象の解消に「ダイヤの雫」の飲用はてきめんに効果を表わせます。他の場所でも述べていますが、Kさんの基本的な理論は次のようにまとめられます。

血液の九十パーセント以上が水です。そのクラスターがうんと小さくなることで、水による血管内に残るコレステロールなどの老廃物を洗浄する力が高まり、血管の正常な働きに必要な栄養分や、一酸化窒素が十分に届けられるようになるので、血管自体に弾力が生まれ、血液の流れも良くなって、血圧が降下します。

「ダイヤの雫」の働きによって異常老廃物が凝集され、難なく老廃物を捕捉して、肝臓の解毒機能に負担をかけることなく、体外へ排出できるのです。

5　消臭効果あり！——加齢臭にも

匂い分子の分解ということになりますが、煙草や焼肉や、家庭で嫌がられる匂いの解決にも役に立ちます。

「ダイヤの雫」をティッシュペーパーに沁み込ませ、冷蔵庫に入れておくだけで消臭効果が発揮されます。下駄箱や靴の消臭も完璧です。洗濯後の下着にスプレーすれば無臭に。壁についたヤニも、壁紙やカーテンの煙草臭も、スプレーかふき取り出で簡単に解消できます。焼肉の前に服にスプレーしておけば匂いの付着を防げます。ペットの水に「ダイヤの雫」を少し混ぜるだけで、おしっこの匂いやペット臭が消えます。おむつの中の大便にスプレーすれば大幅に臭くなくなります。

この防臭と、園芸や生花用の育成促進・保存効果・防虫効果は、それ専用のスプレー容器バージョンを製品化しようかと思っています。大変需要も多いので。切り花の日持ちも抜群に良くなりますし、フラワーデザインの世界のプリザーブドフラワーを、より新鮮に見せられるお花の表現も可能です。プリザーブドのように液を入れたり抜いたりしなくても、「ダイヤの雫」を吸わせたら、一年くらいもちますよ。

なお私たちが製品の開発にあたって、最初に確認した「ダイヤの雫」に期待できる基本的な効用を列記しておきます。類似の例について、皆さんも思いめぐらせていただければ、きっとご希望にそった効果がお届けできるかと思います。

① 歯周病、歯痛、火傷、皮膚疾患、口腔内

② 便秘、便臭、口臭、体臭、体温上昇

③ がん、高血圧、高血糖、痛風、リューマチ、神経系疾患

④ 鮮度保持、防腐、防錆

⑤ 消臭、煙草ヤニ取り

⑥　害虫駆除、生育促進、切り花延命
⑦　ポストプリザーブドフラワー
⑧　飲める殺菌水（身体症状の改善）

また先の製造特許のほかに以下の応用特許も取得済みです。

①　魚介類／精肉の鮮度保持・成熟調整
②　植物の成長／切り花の開花調整
③　害虫駆除
④　抗ウイルス／抗微生物
⑤　便臭軽減／血圧降下／体温上昇／口腔内環境改善

がんについての論理

ここに述べることとは、薬剤効果に対する医学的・薬学的な裏付けではなく、「ダイヤの雫」という飲料水のもつ効用についての説明です。

がんについての「ダイヤの雫」の効能も、様々に確かめられています。ここでは、がん症状との関わりについて、Kさんの独自の見解を、あくまで仮説としてですが紹介しておきます。医学的に有効な理論には到達していないかもしれませんが、効果事例としては、すでに多くの報告が寄せられ、医師による治療支援も行われています。各種のがんだけでなく、難病の潰瘍性大腸炎の治癒事例も記録されています。

《最近のがん医療の研究として、がん幹細胞の存在が明らかにされています。薬物療法である抗がん剤の投与で、がん細胞が消えたようにみえても、その幹細胞が残って転移や再発が起きるといわれています。他に手術か放射線による療法が主に採用されていますが、共通するのは、がんは死滅させることでしか克服できない、という考え方です。だからがんを増長させないために、がん細胞が好むという栄養分を制限した食事が出されるのですが、それによって患者さん自身の栄養状態が悪くなり、免疫力も落ち基礎的な体力も落ちすぎて、がんと戦うことができない状態に陥る例が少なくありません。

私は医学の専門家ではありませんから、がん治療に関する「ダイヤの雫」の効用について、実証的な研究をお示しできませんが、基本的にがん幹細胞を死滅させるより、その攻撃性からしっかり自分を守り抜けるような、身体の細胞の元気と健康を保つことが肝心だと考えます。

以下はKさんの仮想する理論です。協力下さる臨床のお医者さんに、証明や理論化はお願いしていますが、がん幹細胞は、人が摂取する糖質分などを、エサにして細胞を増殖させるわけではなく、攻撃によって死んだ細胞の栄養を吸い取って、増えていくのだと思います。

正常の細胞は、がん幹細胞の攻撃で活動に不可欠な酵素の供給を断たれ、細胞の中に生息するミトコンドリアを窒息死させてしまいます。そうすると、生命活動の維持に必要なエネルギーを生み出すATPを合成できなくなります。それで細胞は衰え死んでいきます。がん幹細胞は、細胞内にある酸素を嫌う性質があり、それが抜けていって食べやすくなってから、死んだ細胞の栄養素を吸い取るのだと考えられます。

しかしながら、すべての細胞が、がん幹細胞の攻撃に負けるわけではないですし、がん幹細胞は、すべての細胞をエサにしようとするわけでもないのです。元気な細胞が、正常通り生きてくれれば、態勢をもち直すチャンスはいくらも残っているはずです。

「ダイヤの雫」は、ミトコンドリアの生息域まで浸透して、多くの水素イオンを作ります。それをATP合成酵素が、人間の生命維持に欠かせないエネルギーに変えていきます。弱った細胞も回復し、がん幹細胞の攻撃にも何とか耐えられる状態になります。

死んだ細胞の中において、アミノ酸の脱炭酸反応（79ページのアミノ酸分子式参照）で、二酸化炭素が抜け落ちるという現象があります。まったくの仮説ですが、私にはちょっと面白い考えがあります。死んでから、未だその反応を生じていない細胞に「ダイヤの雫」が入りこむと、生きている時の細胞と同じように、カルボキシル基と、アミノ基のあいだで、活発な水素イオンの交換が行われます。

死んだように見える状態を仮死状態といいますが、これは生きているようにみえる現象なので、「仮生状態」と名づけました。

細胞が死んだら、タンパク質が分解されて行くのが普通ですが、「奇跡の水」の介入で水素イオンの交換が始まり、細胞が生きた状態のように保たれます。お分かりのように、これは、「ダイヤの雫」に漬けた金魚が、何年経っても腐らないで、生きているかのように保たれていた原理と同じです。

さて、がん幹細胞は酸素が嫌いで、死んだ細胞から酸素が抜けるまで待つと言いましたが、「仮生状態」になると、アミノ酸脱炭酸反応が起こらなくなり、細胞から酸素が抜け出せなくなって、ちゃんと死んだ細胞の状態になってくれないので、がん幹細胞は酸素を含んだ「仮生状態」の細胞を食べられなくなる。さあ大変です。

自分が最低限度生きるために、せっかく細胞を攻撃し、殺しても、「奇跡の水」の邪魔が入って食べることができなくなったら、長居は無用とがん幹細胞はその環境から去っていくはずです。少なくとも人間の体内には、害を与えるために存在している細胞は存在していません。何らかの警報のように現われたがんやウイルスも、共生するべき人体が生命を失ったら、生きていけません。有害な細胞やウイルスを殺すことで、健康状態を改善しようとする方法は、生物学的にもおかしいのではないかと思います。元気な細胞を守り、増やすこと、その本来の健康の力を増強して、有害な細胞や、ウイルスの攻

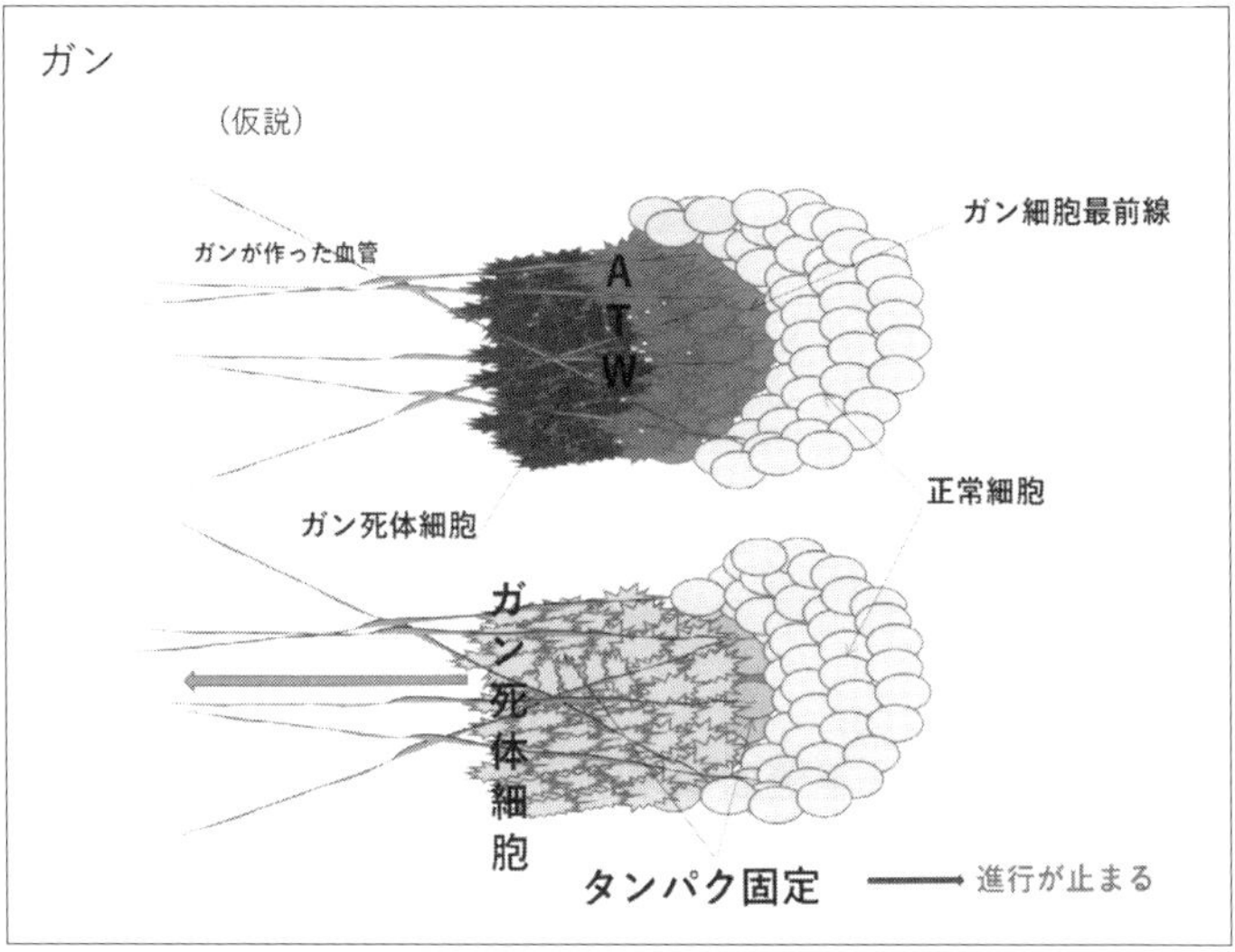

図5　がんと細胞と「ダイヤの雫」（仮説）

撃から身を守るという考えが、どうしても必要に思えます。
安っぽいヒューマニズムや理想主義としてではなく、「共生」という生き方は、今後の社会とのかかわりや、国と国との関係でも、不可欠な問題解決の思想になると思っています。

この資料は、開発者の個人的な仮説に基づいており、また実験での結果を列記したもので、医学的な根拠に基づくものではありません。＝出版社編集部

Ⅳ　「ダイヤの雫」の効果——体験記録集

宣伝として利用者の方々の声を使いたいというより、読者の方へお伝えしたい具体的な情報として本に載せたいと思い、皆さんの了解をいただきました。何に効くとか、何で喜ばれたとか、漠然としたメリットを列記する代わりに、具体的で細かい「ダイヤの雫」の体験を、簡潔にまとめさせていただきました。こちらの予測を超えた効果や効用もあることが分かり、私も大変参考になりました。貴方にもきっとあてはまることがあると思います。

…………………

(一) 証言——心を解き放つ「水」の力

N・Nさん(三十七歳女性・奈良市在住)

(談)

私の「ダイヤの雫」体験は、少し変わっているかもしれませんが、この水のすぐれた特性をよく示している例かと思います。内臓の病気や身体の傷が治ったというより、いろいろな精神的な苦しさと、そこから生まれる症状を、水だけの力ですっかり改善してもらえたということです。

具体的に「ダイヤの雫」の効果でピンチを救われた、その結果からお話しします。

私は、勤めていた販売関係の会社で、トップの女性から過剰な期待とともに、強い敵対心（たぶん私の強情さや自尊心に対する嫉妬）をもたれ、身心がすり減って生きられなくなるほどの圧迫を受けました。いわゆるパワハラに類する神経強迫症的な行為です。私も負けず嫌いで、弱音を吐くまいと頑張りすぎて、限界を超えるまで指示や命令に従っていたのですが、相手のハラスメントはエスカレートし、抜き差しならない状態へ追い込まれました。共依存の関係だったともいえそうです。

ストレスは、はっきり身体の症状として出ていました。会社を辞めて、福岡から大阪へ戻り、精神科で診てもらうと「鬱」だと言われました。そんな診断では何も変えることが出来ませんでしたが、母からすすめられて飲んだ「ダイヤの雫」で事態は一変したのです。まず、会社時代の精神状態のまま、眠りも浅く、ちょっとした不安に駆られて跳び起きたりする過剰さがなくなり、楽に過ごせるようになりました。

私は幼時から、よく親や大人の心の動きを察知したり、自分だけの空想や想像の世界で遊んだりしていました。よくあるパターンかも知れませんが、父は愛情の深い人ですが、絶対的な支配者として家族に接していました。母は、無理をしてでも、その父に従って生きていました。

そういう関係の中で、私は「良い子」でいながら、一方で自分では解決できない異和感や不満を心に蓄えてゆきました。

私はそういう自分の心の悩みや葛藤を、自分で解き明かそうとして、沢山の本を読み、精神世界や心理学についても勉強しました。そんな中であるセミナーで出会ったのが、パワハラで私を苦しめることになる女性社長でした。かなりつきつめて自分の心の問題の出口を探してきているので、いま思うと彼女とは共依存のような関係に陥っていたのでしょう。

どんな精神科の治療より、分かりやすく、安心できる答えを、「ダイヤの雫」は与えてくれました。自分を肯定しきれず、たとえば部屋の中の片付けなども、完璧主義できれいにしないと気がすまない、人や社会との関係も、自然に窮屈になり、そのストレスが身体に出る――という長い間の苦しい悪循環が、自然に消えていきました。

「ダイヤの雫」の発明者である方の、講演や勉強会にも出ましたが、この水の力が、身体だけでなく、精神や心の状態も健康にする理由を、ストレスや生活習慣による機能の低下や、血行の不順などが改善され、それによって脳の働きが阻害されたり、神経細胞が熱でショートするような在り方がなくなり、本来の自然な健康さを取り戻すんだよ、ということを分かりやすく説明してくれました。

いまは毎日心おだやかに過ごし、今後も「ダイヤの雫」を飲みながら、その広がりを見守っていきたいと思います。

……………

（二）証言――科学と神秘がひとつになった！

S・Yさん（五十七歳女性・生駒市在住）

（談）

薬科大学を出て、ずっと大学病院の薬剤部や薬局で調剤などの仕事をしてきました。いまは、「ダイヤの雫」を知り、効力をしっかり確かめて、その普及のために自分の知識や経験をいかしたいと思います。

子ども二人と、親子四人で神戸市の須磨区に住んでいたとき、阪神淡路大震災に遭遇しました。

その後、大阪へ転居し、調剤薬局で患者様と向き合う中、必要ない薬が処方されることに疑問を持ち始め、薬以外のもので健康になれる方法を探していたときに出合わせていただいたのがルイボス茶です。私自身、ルイボス茶でコレステロール値が変化しました。

「ダイヤの雫」に出合ったのは一年前です。最初からルイボス茶と併用しております。当初から相乗効果もあって、体調の改善は倍加していくようでした。まず感じたのは疲れの出方の違いです。主婦や母親としての重責も果たし、更年期も経て女性の健康がいろいろな危険に見舞われる頃、体調の不安が解消されるということは、メンタルの上でも大きなことです。コレステロールや女性ホルモンなど、その値の変化がいろいろな症状を引き起こすことは、知識としてよく分かっていましたが、仕事と暮らしの、毎日の生活習慣の中で身体の管理を行うことは、どなたにとっても本当に難しいことです。いつも患者様の相談にお応えする立場だった私が、「ダイヤの雫」と出合ってからは、あらためて健康のメカニズムについて、積極的に問いかけるようになり、「ダイヤの雫」のセミナーや勉強会で、西洋医学とダイヤの雫の関わり方の質問もぶつけさせていただきました。「水」を飲み出して少しした頃、数年前に負傷した腰のヒビのところへ「ダイヤの雫」が集中したのかまた痛みが出てきました。「水」は全身に影響しながら、最初は特に悪い箇所に作用します。いわゆる毒出しです。腰も徐々に痛くなりましたが、これも好転反応だと分かって、飲む量を増やしました。あらためて「水」の力を知った出来事です。よくなるためには、身体の悪いものを全て出しきらないといけないのです。

他にも、目ばちこのときは、抗菌剤の点眼薬は使わずにダイヤの雫を目に噴霧すると数時間で治りました。いろいろな症状の好転反応として、頭痛が出たり、膿が出たりすることがありますが、そこでやめないで、量の加減をしていただければいいわけです。そういう処方のマニュアルも作っていますが、相談いただいたときは、市橋先生やK氏にその都度お聞きしながら、個々の方の年齢や症状に合わせて対応します。

一般の方々も、ご自身やご家族の病気や体調不全に付き合うにあたり、健康ブームの中で、知識や情報が豊富になればなるほど、新しい療法を取り入れることに抵抗を感じるか、逆にワラにもすがる意識で何にでも飛びつくか、どちらかになる場合が多いと思います。健康のことを真剣に考えているという意味では、どちらも切実なことだといえます。

「ダイヤの雫」を、私のような薬剤師の肩書をもつ者が人にすすめるとき、一番言いやすく、一番聞いてもらいやすいことは、「薬のような副作用の心配はないですよ」ということと、「本来人間がもっている自然治癒力を高めて遺伝子を正常にもどすだけなのです」ということです。

私がさらに大事にするのは、その方の治りたいという意識と、「水」を飲みたいと思う意欲です。上から目線で、飲むための条件や資格を求めているのではありません。

「水」の成分がもっている科学的な効力は、明らかに存在すると思いますが、同時に、その力を直感で信じるか、その力を本当に欲しているかという心のあり方は、自然治癒力や、奇跡のような健康改善の力につながる要素の一つに思えてなりません。

非科学的なことではなく、科学的な神秘と、科学を超えた神秘が、一つになった姿が、

「ダイヤの雫」なんだと思います。

だから何に効いたという結果だけでなく、この「水」の何にほれ込んで、効果がでるまで追いかけたか、そういう体験のプロセスをお話しするようにしています。「ダイヤの雫」は、迷信や占いの世界とは関係なく、人の思いや、家庭の空気や、気の流れも、自分のための情報として吸収する能力をもっています。

そして、お互いが新たな「奇跡」に向かって、同じ道を歩んでいるのだと思います。どのような科学や、哲学や、医療や介護の世界の方に聞かれても、本当のことを自信をもって言えるということは、嬉しいことです。

私はダイヤの雫のことを、お伝えしたいと思った方にお伝えしたいと思った時にお伝えさせていただいています。その後はその方にお任せします。病気になったときの選択肢として病院の治療以外にこんなに素晴らしいダイヤの雫というものがあるということを知っていただきたい。ただそれだけです。

（三）証言――その他の取材例

前のお二人と、後に列記させていただく利用者の方々、ドクターの方々の事例に加え、三人の方のお話を紹介いたします。

＊M・Kさん（50代男性・兵庫県芦屋市在住）（談）

会社を営んでいますが、脚が痛くて歩行が困難な状態でした。教えられて「ダイヤの雫」を飲み出したのですが、それを開発した人の話を聞く機会があって、すごく納得できることがあり、一日五十ミリリットルに増量して飲み続けたら、一週間くらいで効果が出ました。ふと気づいたら、痛みがなく自然に歩いていて、二階からも平気で階段を降りている自分がいたのです。いまも飲み続け、雨の日に少し痛みを感じるくらいで、快調です。

自分がこの水の効果を知った後、独り暮らしをしている八十三歳の叔母が、心不全を起こして病院に運ばれ、インフルエンザの影響もあって危険な状態になりました。駆けつけると、休日診療の中、肺炎で水が溜まり、酸素吸入器が使われていました。「ダイヤの雫」を二本持ってゆき、多めに百ミリリットルずつ飲ませました。後日主治医は、心臓も肺も深刻な状況であるとして、延命治療をするかどうかの判断を求めてきました。水を飲ませながら大きい病院へ移し、少ししたら検査の数値が下がっていました。呼吸も正常に戻っていって、すぐ大部屋に移りました。移送して一週間で退院したのです。いまは、平気でスクーターで買物に行っています。お医者さんも、心臓の応急手当以外、肺の症状に対し、何の手当てもしてないと、不思議がっていました。

私の脚は、痛みの元になった骨の形状突起はそのままで、それが原因の症状がなくなったという状態です。その後のＭＲＩで、以前の病院で見落とされていた骨の壊死も発見されましたが、それも「ダイヤの雫」の影響か良くなっていました。不思議なのは確かですが、どういう理由で効果があるか、その理屈も納得しているので、信頼しています。

＊H・Kさん（72歳男性・福井県武生市在住）

（電話による取材）

この方とは仕事を通して知り合い、もう三十年来の付き合いです。

福井は絹織物が昔から地場産業になってきましたが、H・Kさんは古い町である武生で、蒲団屋さんを営んでいます。明治の中期に創業の老舗でいま四代目。古いだけでなく伝統を活かした創意工夫を加えながらメーカーとしての使命を守り、天然鉱石を綿に加工し、体温を自然に調整するという、オンリーワンの技術を開発し海外からも注目されています。昨年夏に「ダイヤの雫」の説明会に来てもらいその存在と効用を知ってもらいました。彼は、糖尿病のA１C数値が高く、看護師の娘さんから痩せなさいと言われていたそうです。説明会の日から「ダイヤの雫」を飲み出して、一定期間ごとの検査で値が七・〇→六・七になり、さらに六・五、六・三と推移しました。正常値が五・〇〜六・〇くらいですから、ちょっとすごい変化です。別の友人で、十・四あった人が、飲み出して二カ月で七・六になったという例もあります。

例年悩まされていた春先の花粉症も、水を飲んで、今年は表われなかったそうです。何種類ものアレルギーをもっているのに、鼻炎も眼病も出なかったそうです。先に発明者の説明を聞いてもらい、信頼と安心をもってもらったことが、良かったと思います。

＊M・Tさん（59歳女性・奈良県生駒市在住）

（談）

奈良市内の薬師寺の近くで、父・妹と鍼灸の治療院を開いています。鍼の仕事は、父が始め、いまも現役です。父も私もがんを患いましたが、みずからの心身を通して、死と生の境目の、具体的な医療処置の難しさや、自分や家族の判断や選択の難しさに直面してきました。こういう体験の意味内容を、鍼灸の世界のもつ可能性と、「ダイヤの雫」の効果に結びつけて、治療院へ来られる方や、電話で相談下さる方と毎日話しています。「ダイヤの雫」という水は、鍼灸の、東洋医学の、専門家の目で見てもすばらしい力をもっています。西洋医学や、その延長にある科学の領域にとって、鍼灸も、「ダイヤの雫」も、ルイボス茶も、いまだにまだ半ば以上は「不思議」な不可解な検証範囲に置かれているようですね。東洋医学もまた、長年（本当に長い時間！）積み重ねられてきた医薬の効力を、うまくデータ化したりできずにきた面もあります。でも、いまは「ダイヤの雫」を、専門家や研究者の立場で支援されたり、推薦されたりしているようで、嬉しいことです。

インタビューいただいて、細かい症例についてではなく、こういう話をするのは、いま申していているようなことが、鍼灸に通われている人や、「ダイヤの雫」を飲んでいる人の気持ちに一番フィットすると思うからです。また、ご自分の症状がお医者さんにサジを投げられたり、病気として認めてもらえなかったりして、悲しい思いをしている人がたくさんいるからです。

私は心霊的なものを見たり感じたりする力があります。「見える」んです（笑）。ただし、ベタの占いや宗教の世界の住人ではありません。その能力は、観念の体験に始まる超能力や、神通力として、身につけたのではなく、やはり父から授けられた鍼灸の、底深い技術や知識を、しっかり身につけていく中で、患者さんの心や言葉の持ち方と、身体の骨や筋肉や神経や内臓の働きの関連性が、そのまま感じ取れるようになったので、あくまでもこれは科学的な技術なのだと信じています。うつやストレスも、脊髄や筋肉の症状も、謎ではなくはっきり病像が見えます。

話だけでは信じられないことが多いでしょう。でもピンとくる人はピンとくると思います。私は鍼と「水」の併用で、治りにくい病気や、症状を、その方の具体的な状態に合わせて、改善していくことに生きがいを感じています。

いま、自分が忙しさの中の不養生でちょっと「肥満」なので、さっさと治すために、「ダイヤの雫」を毎日飲んでいます。身体の症状と、精神の症状を、同時に同じ景色を見ながら対応し、患者さんの悩みや不安に寄り添って治療にあたります。ひとつ確実に言えることは、治りたい、きっと治る、生きたい、という意志を強くもつ人ほど、改善効果に近づきやすいということです。

気休めや迷信と関係なく、「信じる」という心の行為がもつ医学的な価値と効果はあるのです。まとまりないですが、私のお話は、患者さんとお医者さんのあいだに立って、あるいは発明者と利用者のあいだに立って、「ダイヤの雫」の値打ちへの証言になればいいと思います。「水」を信じて、飲用なさるようおすすめします。

……………

（四）証言――「ダイヤの雫」を飲んだ方々の事例

（開発関係者と弊社のアンケート調査）

調査文中の「水」は「ダイヤの雫」です。症状の大小や軽重にかかわらず、順に列記させてもらいます。あえて、残念な結果になった事例も入れています。医学的な効果の証明ではなく、あくまでアンケート回答に基づいて再現した「水」の飲用事例で、重複もあります。病状回復に対して希望と可能性をいだいていただくための参考にしてください。

「がん」の話が多いですが、特にそれへの飲用効果だけを特筆する意図はありません。ただ感じられるのは、病院で見放されたことや、抗がん剤の副作用のきつさを契機に、飲み始めた例が多いということです。何とか「奇跡の水」がお役に立てればと思います。

できるだけ多くの実例から症例別に特徴あるものを集めました。順不同で紹介しますので、多様な事例とご自身の健康状態を照らし合わせてみてください。

＊副鼻腔炎の症状改善（30代女性）

春先の花粉症で、アレルギー性の鼻炎（副鼻腔炎）を繰り返していたが、「水」を一日四十〜八十ミリリットル飲んでいくと治った。目の炎症も「水」の点眼で改善された。アレルギーの関係と思われる虫さされや扁桃腺炎にも効果があった。

子宮内膜症の痛みの軽減や、視力回復にも役立ち、全体に疲れにくくなり、皮膚や血管の調子が良くなった。

＊副鼻腔炎に点鼻薬として使用（20代女性）

花粉症の季節、副鼻腔炎と診断され、薬で抑えていたが圧迫感がひどくなり。強い薬は使えないから、あとは手術しかないと言われた。「水」を飲み始め、点鼻薬として注入したら、膿が鼻から口へ流れ落ち、正常な状態に回復した。

＊眼病の完治と体質の改良（50代女性）

結膜下出血で眼が真赤になる。いつもなら病院の眼薬をもらって二週間かかるのが、「水」を飲んだらその翌日に治った。合わせて肌のキメが細かくなり毛穴が目立たなくなった。以前のように疲れなくなり、老眼や薄毛も回復した。

＊白内障も改善（20代女性）

二年前に白内障になりゆっくり進行していた。「水」を眼薬として使い、一日三回ほど差したところ、いろいろ改善が実感できた。運転時に対向車のヘッドライトが眩しかったのが、いまは眩しくなくなった。

＊難聴が発症しなくなった（70代女性）

長年突発性の難聴に苦しみ、五年前から耳に補聴器をつけていた。「水」の効果を試したら聴覚が回復し補聴器もいまは外して生活している。

＊激しい歯痛に速攻で効いた（60代男性）

虫歯の痛みが激しく、頬も腫れた状態だった。「水」を教えられ、十分置きに患部へ噴霧したら、一時間後には歯の痛みも顔の腫れも治まった。

＊歯茎の炎症がなくなった（男性）

インプラント治療後歯茎の状態が悪く炎症を起こした。歯医者さんが「水」を治療薬として患部に塗布され、自宅でもスプレーすることで一カ月で完治した。

＊口腔内や喉部のカビと皮膚疾患を克服（会社員）

舌から喉にかけてカビが生える病気になり、原因は抵抗力が弱くなり、細胞がカビに勝てない状態になっていた。一年ほど「水」を飲み続け完治させた。また、この方はシロナマズ病（皮膚が白化進行する難病）で、皮膚の境目が紫外線によってただれやすくなっていたが、ただれも白化もなくなった。

＊喘息が治まった（40代女性）

虚弱体質で長年喘息に苦しんできた。しかし「水」を飲んで二日で発作がなくなった。最初、好転反応とみられる扁桃腺炎（腫れ）が起きたが、その後はなくなり喘息も治まった。

＊喘息体質の改善で発汗作用も正常に（60代女性）

呼吸器系が弱く、身体に汗がかけない体質で、顔にだけ汗が集中し悩まされてきた。飲用後四日して、普通に身体に汗が出るようになり、喘息の症状も出なくなった。

＊飼犬の腫れものを「水」で治した（30代女性）

五歳の犬の左右の唾液腺に水がたまり、ビー玉より少し小さいくらいに腫れていたが、飲ませて一カ月で左側は完全になくいなり、右側は少し腫れた程度に縮小した。

＊いやな皮膚の症状がなくなった（30代女性）

皮膚疾患に悩んでいたが「水」で改善された。皮膚が柔らかくなり、かゆみなどが自然に取れた。子どものあせもの症状も治った。

＊頭皮にできるイボがなくなった（60代男性）

「水」を飲んで頭のイボの突起が薄くなっていった。

＊愛犬の皮膚病が改善できた（主婦）

ペットの三歳犬が皮膚が弱く、腹部が赤く粉を吹いたようになり、悪化するとかゆみが出て湿疹状態になった。飼い主が使っていた「水」を飲ませたらすべて改善できた。

＊大人のアトピーにすぐに効いた（30代男性）

アトピー症状が出ている箇所にスプレーすると一週間くらいできれいな肌になった。

＊ヘルペスが三日で治った（30代女性）

唇ヘルペスができて、一日五回「水」をスプレーしたところ、三日で完治した。通常病院で処方される薬だと七～八日はかかる。

＊美肌の効果がある（女性三人・友人）

顔に朝晩スプレーしている。目に見える効果としては、肌のキメが細かくなり、毛穴が目立たなくなり、顔の化粧はパウダーだけで済むようになった。肌に透明感が出てきている。

＊水虫完治ほか（90代女性）

足の指の間が赤くただれていたのが治り、同時に認知症の回復もみられ、人と話せるようになった。意識もうつろな状態だったが、目に力が戻り、はっきりした表情になったと人にも言われる。加齢による皮膚や頭皮の湿疹なども良くなった。

＊過敏性腸症候群＋抜け毛（30代男性）

仕事にも支障が出る腸の症状で、なかなか治らず困っていたが、「水」を飲んで効果があった。育毛効果もあった。

＊大腸の異常を「水」の力で改善（30代女性）

一日に十回程度原因不明の水便が続き、大腸検査でも診断がつかなかった。「水」を飲用したら一日二回の軟便に治まった。

＊下痢と便秘のくり返しが治った（30代男性）

下痢と便秘のくり返しが五年ほど続き、処方された整腸剤も効かなかった。「水」を三週間飲んだら便通が普通になり、いまは一日に二、三回になった。

＊湿疹・下痢・疲労の回復（30代女性）

腕や背中の湿疹が完治し、下痢も治って、毎日の疲労感も軽減された。動いた後の筋肉痛もなくなってきたし、肌がキレイになった。

＊「水」の飲用で脳腫瘍が消えた（男性入院患者）

「水」の飲用から三カ月で悪性脳腫瘍が完全に消滅した。

＊「水」でがんの進行が止まった（70代女性）

ある部位のがんの治療で病院に通っているが、「水」を飲むようになって、数値的にがんの進行が止まったと報告された。

＊がんの再発予防に効果（60代女性）

以前治療を受けたがんの再発転移の予防のため飲んでいる。毎年の検査で異常なしを確認。

＊発見された乳がんが一カ月で「異常なし」（主婦）

健康診断のマンモグラフィーで乳がんの疑いありの診断。「水」を飲み、ひと月で異常なしの検査結果を得た。現在も飲用継続中。

＊乳がん治療で抗がん剤の副作用を軽減（女性）

乳がんの治療で抗がん剤の投与を受けながら「水」を飲用。それまで副作用で三日ほど寝込んでいたが、飲用後の副作用が軽くなり、ほとんどなくなった。思いきって抗がん剤投与の翌日ハワイ旅行に出かけ元気で帰国した。

＊乳がんが縮小、がん細胞死滅に至った（女性・居酒屋経営者）

二〇一四年八月、十八ミリ×十五ミリ×十三ミリの乳がんが見つかった。抗がん剤が効かず年末にかけ副作用に苦しむ。その頃「水」を飲み始め、一月十三日の検査では、がんが三分の一〜四分の一に縮小していると医師に告げられた。本人の希望で手術をしたが、切除したがんはほぼ死滅しており、生きているがん細胞はなかった。

＊四カ月で膀胱がんが消えた（男性・会社経営者）

膀胱のがんに罹患し、「水」の飲用を開始。まず二カ月後の検査で進行が止まっている状態と言われ、その効果に励まされて飲用量を一日四十ミリリットルに増やした。その二カ月後に完全に消えているという診断を受けた。

＊膀胱がんが消滅（男性・電気工事業）

膀胱がんが見つかり「水」の飲用を開始。三カ月飲用の結果、疲れやすかった身体が軽くなり、仕事がしやすくなった。がんは消滅し、転移予防のため飲用継続中。

＊抗がん剤治療に並行して飲用し胃と肝臓のがんが縮小（主婦）

二〇一四年末にステージの高い胃がんが見つかり、肝臓にも転移。余命は二〜三カ月と診断される。手術はできない状態で抗がん剤治療が選択される。二〇一五年一月から「水」を一日七十ミリリットルに希釈して飲用した結果、三月に行ったＣＴ検査で胃がんが小さくなっていると確認された。抗がん剤の副作用が起きているものの、元気で過ごせ、五月の検診ではすべてのがんマーカーの数値が下がっているとの診断。現在も「水」を継続中。

＊がんの症候がなくなり元気になったが、抗がん剤治療実施後死亡（男性・宗教団体役員）

余命一カ月と診断され、顔が特有のあばたで覆われた。「水」飲用を開始して一カ月であばたが消えた。さらに三カ月飲んでから止め、元気を回復後、医師から抗がん剤治療を勧められ数回投与をうけたあと死亡。「水」の飲用を止めたため、抗がん剤の影響に対抗する免疫力が低下したと推測される。

＊肝臓に転移したがんが縮小後、抗がん剤で体力低下（50代男性・独居）

会社経営者だった人。末期の膵臓がんから五個のがんが肝臓に転移し、「水」の飲用後肝臓のがんはすべて縮小し、膵臓の腫れも小さくなった。この兆候を見て医師が抗がん剤を強くしたところ、体力が奪われ、がん縮小にもかかわらず心不全で亡くなった。

＊肺がんが小さくなったが飲用中断し、その後死亡（女性・宝飾店経営）

肺がんが発見され、「水」を飲み始めて三カ月後の検査でがんが小さくなっていることが判明した。しかし親戚に勧められ他の健康食品に切り替え、一年経過後に処方された痛み止めで急激に意識を失い亡くなった。原因は前二項と同じと思われる。

＊末期の肝臓がんから回復（男性）

肝硬変から末期の肝臓がんに至り手術不可能な状態に。がんが血液中に入りこみ全身どこへ転移してもおかしくないという状況で「水」を飲用開始。三カ月後の検査で進行が止まっていることが確認され、その後抗がん剤投与は中止。C型肝炎の治療に切り替わった。余命宣告の時期を過ぎた現在（二〇一九年）も元気。二〇一五年末体力の回復に合わせて肝臓がんを三個摘出する手術ができた。

＊肺がんの克服に効果（70代女性）

二〇一五年四月に肺がんが再発し、がんマーカーが六・八に上昇、「水」を飲用開始し二カ月で四・九に下がる。さらに三カ月後四・四まで降下し、十一月の検査で肺がんはすべて消滅した。

＊肺がんの個数が減り胸水も減少して完治へ（70代男性・会社経営者）

二〇一四年膀胱がんから腎臓も摘出。二〇一五年六月にがんは肺へ十個ほど転移再発し、胸水も溜まる状態になった。七月から「水」を飲用。十一月の検査でがんは三個に減り、すべて当初の大きさから変化がなかった。医師から抗がん剤治療は止めてもよいと言われる。二〇一六年一月の診断で、左肺八十パーセントに溜まっていた胸水は減少しており、残ったがんはほぼ死滅状態であるとの診断。胸水は完全になくなり寛解と診断された。

＊肺がんの進行が止まり海外旅行へ（主婦）

末期がんの診断を受け、その三カ月後から「水」を飲み出し、三カ月後には肌がきれいになり元気を取り戻した。がんの進行は止まり、一年の余命宣告が過ぎた頃体力も回復し、自身がついて十日間のイタリア旅行に出かけた。現在かなりの部分のがんが死滅していることが判明している。

＊「ステージ4」の肺がんで、余命半年と言われたが（70代男性）

「水」を飲用して一年経たずに進行が止まっていると診断された。がんがやや小さくなっていると言われた。いまではゴルフの打ちっぱなしにも行けるほどになり、健康を取り戻しつつある。

＊膵臓がんからの生還（60代女性）

余命一年と言われた半年後から「水」を飲用（一日七十ミリリットル）、五カ月後の検診で進行が止まっていると言われた。体重も飲用開始時から六キログラム増え、元気に過ごしている。大変臭かったおならが、「水」を飲み出してからほとんど匂わなくなった。

＊抗がん剤投与前に「水」を飲用、膵臓がんの縮小に成功する（70代女性）

膵臓がんの抗がん剤投与に先行して、ひと月前から「水」を飲み始めた。副作用が出ずに抗がん剤治療を終えられた。三カ月後のCT検査でがんの縮小が確認できた。

＊全身に転移したがんを克服して職場復帰（50代女性）

乳がんを三年前に摘出したが昨年（二〇一五年）再発し、骨・肝臓・肺など全身に転移し、「水」を飲み始める。一年経過した本年八月の診断の結果、がんの残数が二個のみという驚異的な回復を果たした。抗がん剤や乳がん専用の注射などと併用していたが、現在職場復帰まで果たしている。

＊前立腺がんの進行が止まっている（60代男性・会社役員）

三年前に発症し、二年前から「水」を飲み出した。痩せていた体重が増えて、ＰＳ

A値は上昇しているものの、抗がん剤治療をせずに元気になって来ている。

＊前立腺がんが手術なしで治った（70代男性）

ＰＳＡ値が七に上昇し、医師からがんと診断された。折りをみて手術という運びになっていたが、「水」を三カ月飲用したところ、数値が〇・八に下降し、手術の必要がなくなった。がんの診断そのものも取り消された。

＊「ステージ四b」の直腸がんを克服（60代男性）

直腸がん（ステージ四ｂ）で三カ月「水」を飲み続け、ＣＥＡマーカーが倍近くに上昇して驚いたが、がん細胞が崩壊しマーカータンパクが流出したことで数値が上ったと判断。その後も飲用した結果四カ月目にマーカーが下がり痛みも軽減された。

＊「水」で大腸がんを消滅させる（60代男性）

二〇一七年七月に大腸がんが見つかるが、四か所転移があるため、手術はできないと通告される。八月末から抗がん剤治療をし、転移のがんがなくなれば手術をするという方針に決まる。七月から「水」を三十ミリリットルを飲む。十月の検査で四か所の転移がんが消滅。医者から「奇跡的だ」と言われた。体力もつき、十一月に手術を行う。その時撮り残したがんも十二月の検査で消えていた。

＊大腸がんから回復（80代女性）

スタッフ知人のお母様のケース。八十八歳で大腸がんを発症し、高齢のため遅かったが徐々に進行。ご子息が「水」の飲用を促し、がんの進行は止まり、現在も九十一歳で元気に暮らしている。

＊六センチ大の大腸がんから健康を回復できた（60代女性）

神戸の病院で手遅れの診断を受けて、横浜の自由診療の病院へ転院。この時点から「水」の飲用を開始した。がんが大きく、肺と子宮に転移もしていて、難しいと言われた手術ができる状態になった。大腸がんの切除、子宮の摘出、横隔膜のがん切除を実施。その後は神戸へ戻り、週一回横浜に通院。その後がんは発症せず転移もしていない。

＊悪性ポリープ切除後、数値検査でがんが疑われたが、「水」でマーカー値が降下（70代男性）

食道、大腸、胃に悪性のポリープが見つかり切除。しかし、がんマーカーで九・八という値が出て、がんの転移に対する治療が行われたが、「水」の飲用から三カ月で五・〇へ値が下がり、医師も首をかしげている。「水」を飲み続けて完治を目ざす。

＊老齢からの体調管理に有効（60代女性）

尿の量が自然に増えるなど、体内の老廃物を流す効果は確かにあると実感した。

＊生活習慣病の改善に役立った（70代男性）

高血圧で血圧降下剤を飲んでいたが、「水」を飲用してから血圧が下がり始め、いまは薬が必要なくなった。糖尿病の数値も標準内に収まるようになった。顔のたるみがなくなり、張りも出てきた。

＊肺疾患を抱えた人の健康維持（60代女性）

肺に影が残っていると診断されていたが、その大きさが進んでいない。

＊リューマチの症状がなくなった（男性・会社経営者）

仕事で中国駐在中にリューマチになり、朝起きるのにも難儀をする状態に。「水」を毎日五十ミリリットル（原液絶対量――以下同様）飲み始めたら、約三カ月で症状が消え、その後は「水」だけで医者にもかからず生活している。

＊リューマチの痛みと硬直が消えた（30代女性）

リューマチで寝起き時の位置時間は手指が硬直し、一日中痛みと戦っていた。「水」を飲み始めて（一日五十ミリリットル）、翌日から硬直と痛みが消えた。「水」を切らせて飲用しなかったとき、翌日から若干の硬直と痛みが再発し、あわてて再開したら、またその翌日から硬直も痛みもなくなった。その後症状はまったく出ていない。

＊重度リューマチが軽度にまで症状改善（70代女性・主婦）

「水」を三カ月飲用したところ、リューマチが改善され、朝の起床が楽になり、痛みが和らいだ。処方されていたステロイドを毎日二錠から二分の一錠に減らし、いまもなお身体の症状が軽減されてきている。散歩もできるようになった。重度から中度になり、さらに軽度に向かって、快方に向かっている。

＊痛風の発作が起こらない（男性・理髪店経営）

痛風で何度も発作に襲われる中、「水」を飲用する。以降、痛風の原因である尿酸値は、発作が起きて不思議はないようなレベルなのに、この二年ほど一度も発症していない。

＊膠原病に効果があった（70代男性・スーパー精肉部勤務）

膠原病で身体が冷えると指先が冷たくなり、皮膚も白くなる症状が続いていたが、一日三十ミリリットルの「水」を飲むようになった結果、二カ月足らずで症状が改善された。

＊パーキンソン病が改善された（60代女性）

パーキンソン病は難病指定され良い治療法が見つかっていないが、一日五十ミリリットルの飲用で改善がみられ、顔のシミと痣が明らかに消えた。

＊パーキンソン病が治ってくる（60代男性）

指の動きなど自由にできなかった。飲用開始から三カ月後、手の中指と親指を合わせることができるようになった。他にも回復していく感触を得ている。

＊筋肉が骨化する奇病が治った（20代女性）

強直性脊椎炎と繊維筋痛症で治療法なしの状態に置かれていた。一日二十ミリリットルの「水」を飲み始め、二カ月後にはほぼ完治した。

＊脊椎間狭窄症から歩行の自由を取り戻す（60代女性・経営者）

秋頃から脊椎間狭窄症の痛みに見舞われ、年が明けると歩行も困難になった。「水」を飲み始めたら、春までに完全に症状がなくなり回復できた。

＊筋委縮の状態が改善されつつある（60代男性）

ＡＬＳ（筋委縮性側索硬化症）と診断され、驚いて「水」の飲用を始めた。四カ月後に進行が止まった状態になる。期待して今後の推移を見守る。

＊アルツハイマーからの回復（80代女性）

重度のアルツハイマー症で会話もできなかったが、飲用二カ月で息子さんの呼びかけに反応し、少しずつ会話もできるようになった。表情もよみがえりつつある。

＊やっかいな「不定愁訴」から解放された（60代女性）

三日に一度の片頭痛、手足のむくみ、低体温などで、朝起きられない日もあった。原因不明の「病」（?・）に悩まされていたが、「水」を知って飲用し、三カ月でそのほとんどの症状がなくなり、元気で過ごしている。

＊うつ病が治ってきて、明るくなれた（30代女性）

うつ病になって精神科に通院していたが、「水」を飲むようになって徐々に明るくなり、自然に笑顔も出るようになった。

（五）ドクターが確かめる「水」の効果

Iクリニック――「ダイヤの雫」を「体質食」と併用

Iクリニックは、神戸市内の整形外科有床診療所です。先代から六十年近く地域の医療活動を行い、いまは介護老人保健施設も併設しています。

I先生は十年にわたる研究から、手術を行わずに膝軟骨を再生させる施療法を編み出し、すでに三十以上の成功例があります。先生は元来、極力手術や薬に頼らない独自の治療法を整形外科の分野で開発し、東洋医学の方法も効果的に取り入れています。

人が健康な状態を保つために大切なことは、健康の元になる身体をつくる食事です。先生は東洋医学から学んだ脈診を行い、患者さんの脈の具合を診て、一人ひとりの体質

80歳男性糖尿病動脈硬化症の下肢静脈血流改善
2019年6月～9月ダイヤの雫－01+Dr. BODYCARE CAPUSEL
2019年3月より金陽体質食を完全実施

2017年6月

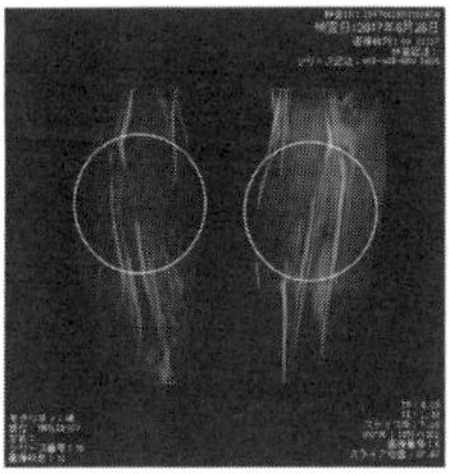

2019年9月

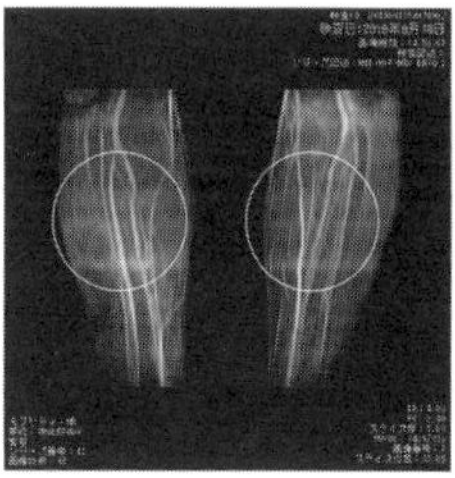

体質食を主体とした治療法による
難治性皮膚潰瘍の治癒

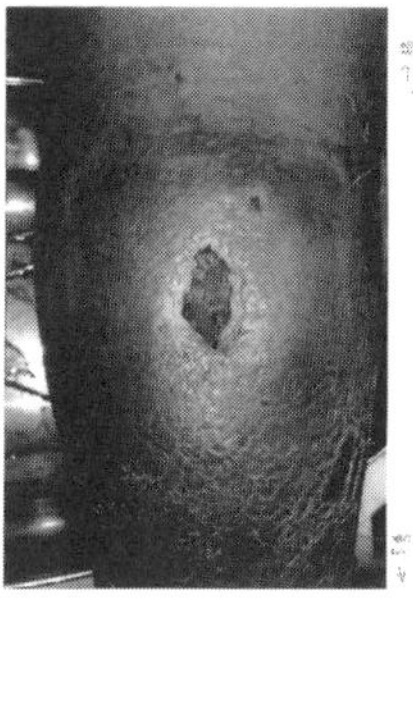

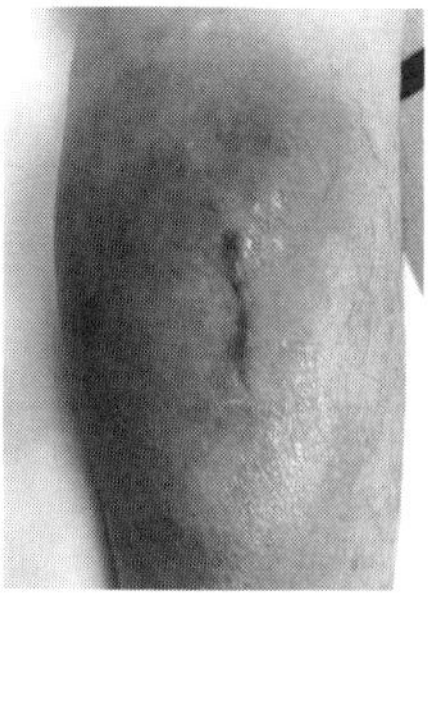

をしっかり見極めて、その人に合った食べ物・飲み物を体質別に選んで指導されます。この食餌療法をベースに、いくつかの療法を有効に組み合わせて治療に取り組んでおられます。

私は人間も動物も、もともと身に備わっている自然治癒力があると信じ、その基本に沿って生きることをポリシーにしていました。ところが七十歳代になってから、足の具合が悪くなり、二十メートル歩くのも困難な状態におちいりました。そのようなときに、知人から、ここならあなたの考えにも合うと紹介されたのがIクリニックでした。

気さくで優しい先生で、私のクスリ嫌いもよく理解していただき、独自に考えられた治療を行ってもらえました。「体質食」と鍼治療を中心に、約一年通って、足の具合は「ダイヤの雫」との相乗効果もあって、頑固な症状が徐々にほぐされてきました。

治療が始まって一カ月ほど経った頃、先生に、私が「ダイヤの雫」という「水」を飲んでいて、それで足の回復が早いということを、遠慮気味に伝えました。すると先生は、これまでの臨床体験から何か感ずるところがあったようで、その「水」をご自分も飲んで試してみようと言ってくださいました。私は早速一リットル入り「ダイヤの雫」を二本お渡しし飲んでもらうことにしました。

二週間後、いつもの鍼治療をしているときに、I先生は飲んだ結果を教えてくれました。「体が軽くなったと感じ、目の疲労が少なくなった」というものでした。その後、患者さんに「ダイヤの雫」をご自身の処方の一つとして取り入れてくださるようになりました。

従来から、先生はひざ軟骨の再生治療に〝オクラ水〟を使っていました。ひざ周辺の毛細血管の血流を改善し、関節の内側の膜から良質の関節液を出させ、軟骨損傷の原因になる摩擦を減らし、削れた軟骨を再生に向かわせるためです。〝オクラ水〟は微小循環系の血栓を取り除く能力をもつと認めておられたので、「ダイヤの雫」が、もっと大きな血管に詰まったプラークまで、浄化できればすごいとおっしゃっていました。

効果の一例としては、糖尿病を抱えた八十歳の男性が、合併症状で、足の血管がMRIの検査でほぼ消えてしまっていたのですが、「体質食」と「ダイヤの雫」の併用で、幽霊化していた末梢の血管が見事によみがえり、完治して仕事に戻られました。

また、ステージ2という診断を受けた乳房悪性腫瘍の方も、「水」と食餌療法で二カ月でがんの症候が消えました。先生はこの併用法を、がん治療のスタンダードにしていくつもりだとおっしゃっています。

Mクリニック——漢方の世界へも仲間入りを果たす

芦屋市で30年近く自由診療のクリニックを開業されているM先生は、漢方の生薬を数百種類備えており、治療に用いています。M先生に「ダイヤの雫」を説明したところ、その瓶を持って、真剣な表情で「この水はスゴイ……」つぶやかれました。すぐ笑顔に戻られ、「私は、いまピンと来ました。天から、何か確かなものを示されたと感じる」と言われ、その場で採用となりました。

私はお茶を手がける以前から、自然の営みに対する興味とともに、「医食同源」を唱える漢方の薬効について注目していました。病との対立よりも融合、調和、自然治癒に重きを置き、速効性よりも安全性とおだやかな効果を大事に考える、東洋医学の精神にも共感がありました。

私のクスリ嫌いのゆえんは、病原の消滅や、速効性にこだわった効果の追求に、人間の不遜や、科学信仰の危険性を感じ、何より副作用が怖かったからです。

M先生は、永年培った医療経験に基づいて、「水」の成分から、様々な症状に対して多くの効能が生まれる道理を、即座に直観されたのだと思います。

I先生の場合と同じく、漢方や東洋医学と「ダイヤの雫」のつながりは、もともとあまり頭になかったので、虚を衝かれた感じもありましたが、やはり自然治癒力に根拠をもつというところで、臨床現場からの実証や、理論付けが行われたら、ありがたいことです。お客様にも、そういうレベルで安心や信頼を増していただけるように思います。

U歯科医院――歯の健康にも「水」が効く

神戸市のU歯科医院も、開業して三十年になります。「ダイヤの雫」については、たまたま歯の治療に来た別のクリニックの看護師さんから聞き、ぜひ詳しく話を聞いて試したいと興味を示されたそうです。

すぐお会いして説明させていただくと、歯科の治療にも役立つという判断され、先にご自分が体験したいとして購入されました。

U先生は人が長く健康な人生を送るには、歯を健康な状態に保つことが最重要と力説されます。この「ダイヤの雫」が、歯周病や虫歯などに効果があれば、すばらしいことだと、医師のお立場で大いに期待を寄せてくださっています。

歯の菌が、身体のあちらこちらに移動して、悪さを起こし、いろいろな症状を生み出すことは、最近かなり語られるようになりました。歯周病は万病の元だという言い方さえされています。「ダイヤの雫」の害のない殺菌力が、口内から体内の各箇所にいたるまで、効果を及ぼせばいいと思います。
歯と歯ぐきに直接スプレーして、効果を試してみてください。

Aクリニック——量子医学に応用して可能性を広げる

姫路市のAクリニックは整形外科・皮膚科・内科が専門です。A先生は東洋医学と西洋医学を統合し、さらにいま量子医学的なアプローチも使って、手・耳・頭皮の鍼治療も行っています。鍼は三十年の実績をもっておられます。

先生の場合は、母上が癌で入院されていて、「ダイヤの雫」を飲んで症状が改善したことにより、これは奇跡の水だと驚かれ、そこから強い関心をもたれました。まだクリニックで患者さんへの処方はされていません。しかし、ご自身の腰痛に試すため、微量の「ダイヤの雫」を腰のツボに注射したところ、即座に痛みが消えて、その効果を確信されました。

その後も医師としてその「水」の力に注目され、量子医学的な効果も期待できそうだとの見解を示されています。臨床現場では、点滴での治療の可能性も研究されています。

私は、「水」としての可能性の広がりを、地道に追求してまいりますが、専門の医療関係の方々の、ご支持や応援に大いに勇気づけられています。感謝いたします。

おわりに

二十五歳から約二十年間はアメリカやイギリス、つまり地球の北半球で過ごすことになり、四十代半ば、人生の折返し地点で、アフリカを中心に南半球での仕事が中心となり、何度となく南アフリカやケニヤの地を訪れました。先にも触れていますが、イギリス、ロンドンに住んでいた頃のある日、私の右肩に青く美しく輝いている丸い地球が現れて、何かを気づくようにと無言のメッセージを投げかけているように思いました。

この青くて美しい地球はガラスのようなもので出来ている感じで、放っておくとこわれそうなイメージを持っていました。

その頃は、生活の中心は仕事で、会社の為にいかに多くの利益を出すかということが主たる目標でした。

しかし、この青くて美しい丸い地球のイメージに触れてから、はじめは何かボンヤリと、この現象の意味をさぐるような感覚でした。何度となくこの現象を想い浮かべているうちに、これからの人生、会社に温々と守られて穏当に生きていく人生で良いのだろうかと疑問を持つようになりました。

そしてついに、この人生、このままではきっと悔いを残すことになる、自分がこの世に生まれてきたことは決して偶然ではなく、何か私が出来る使命を追求していくことが大事なのだと思うようになりました。

そしてついに、長年お世話になった会社を辞めて新たな道を歩むことにしました。

その時に出会ったのが先ずルイボスティーでした。さっそく南アフリカに飛びました。その地で夜空にまたたく無数の星の中に南十字星（五つ星）をはっきりと見ることが出来ました。

この時、青い美しい丸い地球が、この五つ星に、私にこれからの私の使命を伝えるように宇宙の中での連携プレーがあったような気がします。

これが、私の使命「五つ星の希い」なのです。

☆ ☆ ☆ ☆ ☆

この五つ星からのメッセージに沿って「人と地球にやさしく」をモットーとしたルイボスティーやケニヤ紅茶、そして基礎化粧品を作りはじめました。

それから約二十年が経過した頃、三十年来の友人が、まるで天から授かったように、奇跡の水を発明。「ダイヤの雫」の出現となります。

この水に出会った時、二十年前にロンドンで透視した地球のイメージが、再びよみがえってきました。

この地球の青くて美しく輝くものは水。

この奇跡の水「ダイヤの雫」が人類・地球を救っていく救世主的役割をにない、安心・安全で幸せな世の中をつくり出す大切なサポート役となるものと確信しました。

人類と地球を救う奇跡の水は、人類は地球の一部という考えにつながります。だから、地球が傷むと人類も傷む。人類が自分勝手なことをすることで、地球も汚れていくことになるのだと考えます。

だから、地球上の環境を守り大事にすることは、すなわち私たち自身を守り、未来の人々、そして地球を救っていくことにつながるのです。

地球の陸地総面積は一億四千七百万平方キロメートルで、全面積に占める割合は約二十九パーセントです。海の総面積は三億六千三百万平方キロメートルで、全面積に占める割合は約七十一パーセントです。

人間の体の水分量は新生児で約七十五パーセント、子どもで約七十パーセント、成人では約六十五パーセントです。この事実からみても地球と人類は同類なのだと分かります。

私たちが飲む水分は体の中で血液などの体液となり、全身をたえず循環しています。体液は私たちの命に関わる様々な役割を果たしています。からだの約七割が水だということもうなずけます。

地球表面の約七十パーセントを占める海は、地球環境の保全や気候の安定、そして人類を含めたすべての生物が生きていく上で、大きな役割を果たしています。海は太陽から注がれた熱を地球全体へ送り出し、大気へと水分を供給しています。またCO_2を吸収して気温の上昇を抑制する働きもしています。すなわち地球の七十パーセントの海は、地球をいつまでも青く美しい姿に保つように頑張り、そして人の体の七十パーセントの体液も、すこやかなからだを維持するよう、絶えず頑張っています。

しかしながら、今日の現状では、経済発展によりCO_2が増加し、地球温暖化をうながし、プラスティックごみは海を汚染し、地球は青くて美しい輝きを失いつつあります。

現状の人々の生活も、様々な環境の悪化、そして食べ物に関しては、農薬使用の食料、保存用の添加物が多く入った食品など、売りやすさを重視したものが多くなっており、人の健康に影響を及ぼしているのが現実と思われます。

これ以上放っておいては、地球と地球上の生物は大変なことになると、全知全能の神はこの「奇跡の水」を私たちに授けてくれたものと思います。

文科系で化学・物理の専門的知識を持たない友人のKさんがこの水の発明に関与し、世界を舞台にビジネス経験をした私が「人と地球にやさしく」をモットーに「奇跡の水」を普及させていく役割を担うことも、偶然なことではないのだろうと思っています。

この「ダイヤの雫」と同じような働きをする水が、フランスのルルド地方に現出し、多くの人々を救いました。今は、人と地球のために、さらに進化した形で、「奇跡の水」を世に普及させていけることになったのだろうと思っています。

私は、この世に起こる全ての事象に偶然はないと思っています。

仏教では「因果応報」という言葉があります。今、この世にまさに必要なものとして、これまでの常識をくつがえすような水が発明されたことに、大きな必然の力を感じます。

最後になりますが、この本は「奇跡の水」の発明者である友人のKさん、水を支持し愛飲していただいている皆様、医師、看護師、薬剤師、鍼・整体師、美容関係の先生方、そして出版社の松村信人社長、編集者吉田光夫氏等、ご縁のある方々のおかげにより誕生いたしました。皆様に心より深く感謝申し上げます。

コロナパンデミックが世界中を大きく変貌させるこの絶妙ともいえるタイミングに天から授かった「ダイヤの雫」が広く世の中に浸透し、生きとし生けるものに少しでもお役に立てれば幸いに存じております。

夏目　徹

Oh! my God & Buddha!

著者紹介

夏目　徹

1944年　中国・天津生まれ。同志社大学・経済学部卒業。

三洋電機に入社し23年間勤務のうち、18年間をアメリカ、イギリスで過ごす。現在は芦屋市在住。

フィッシャー（米国）副社長、三洋・丸紅（英国）社長、三洋フィッシャー（米国）中部支社長を歴任後、1990年独立。

2020年現在（株）プレスティージ会長、（株）ファイブ・スター会長。

NPO法人アフリカの子ども支援協会（ACCA）理事長、

芦屋キワニスクラブ元会長。

奇跡の水――「ダイヤの雫」の恵み

二〇二〇年九月四日　初版発行

二〇二〇年十一月十日　第二刷発行

著　者　夏目　徹

発行者　松村信人

発行所　澪　標《みおつくし》

大阪市中央区内平野町二－三－十一－二〇三

TEL　〇六－六九四四－〇八六九

FAX　〇六－六九四四－〇六〇〇

振替　〇〇九七〇－三－七二五〇六

印刷製本　亜細亜印刷株式会社

DTP　山響堂 pro.